名校名师精品系列教材

U0390245

Data Structures

数据结构

（Python+Java）

微课版

蒋理 魏瑾 崔松健◉主编

人 民 邮 电 出 版 社

北 京

图书在版编目（CIP）数据

数据结构 : Python+Java : 微课版 / 蒋理，魏瑾，崔松健主编. -- 北京 : 人民邮电出版社，2024.4
名校名师精品系列教材
ISBN 978-7-115-63553-2

Ⅰ. ①数… Ⅱ. ①蒋… ②魏… ③崔… Ⅲ. ①数据结构一教材 Ⅳ. ①TP311.12

中国国家版本馆CIP数据核字(2024)第016164号

内 容 提 要

本书在内容上着重阐述计算机中存储、组织数据的方式与计算机程序解决问题的步骤，同时对数据结构与算法中的典型案例进行讲解，在程序实现中使用 Java 与 Python 两种语言对照表述。本书共 8 章，第 1 章是数据结构与算法概论，主要介绍数据结构和算法的基本概念；第 2、3 章是线性表与栈和队列，这部分介绍简单的数据结构类型及操作算法；第 4 章是递归，这是数据结构中重要的操作算法；第 5、6 章是树与图，这部分介绍较为复杂的数据结构及操作算法；第 7、8 章是排序与查找，这部分主要介绍各种常见算法、优化存储结构的思想。

本书可作为应用型本科院校和职业院校计算机相关专业的教材，也可作为各类计算机培训机构的教材。

◆ 主　　编　蒋　理　魏　瑾　崔松健
　责任编辑　初美呈
　责任印制　王　郁　焦志炜
◆ 人民邮电出版社出版发行　　北京市丰台区成寿寺路 11 号
　邮编　100164　　电子邮件　315@ptpress.com.cn
　网址　https://www.ptpress.com.cn
　大厂回族自治县聚鑫印刷有限责任公司印刷
◆ 开本：787×1092　1/16
　印张：9.75　　　　2024 年 4 月第 1 版
　字数：237 千字　　2024 年12月河北第 2 次印刷

定价：49.80 元

读者服务热线：(010)81055256　印装质量热线：(010)81055316
反盗版热线：(010)81055315
广告经营许可证：京东市监广登字 20170147 号

前言 PREFACE

党的二十大报告提出:“我们要坚持教育优先发展、科技自立自强、人才引领驱动，加快建设教育强国、科技强国、人才强国，坚持为党育人、为国育才，全面提高人才自主培养质量，着力造就拔尖创新人才，聚天下英才而用之。”“数据结构与算法”作为计算机相关专业的基础课程，是计算机学科前沿技术的基础。由于人们对于计算机的使用主要体现在数据的存储与处理，所以数据结构与算法也是计算机与其他学科交叉的基础。数据结构与算法对于计算机学科以及相关交叉学科都是非常重要的。

编者在“数据结构与算法”课程的教学实践中，曾使用 C/C++语言、Java 语言，现在使用Java和Python语言,课程使用的程序语言是紧跟学生学习的程序语言变化的。对于这门以理论为主的课程中的实践，编者始终非常重视。编者不仅将其看作对知识点的诠释，更看作对学生编程能力的强化，注重学生在实践中学真知、悟真谛，加强磨炼、增长本领。

Java 与 Python 是当前计算机的主流高级程序设计语言，也是目前计算机类专业引入学习的高级程序设计语言。目前 Java 语言在 Web 开发、企业级应用（如 ERP 系统、CRM 系统等）、Android App 开发、大数据应用等领域占据着大量市场份额。Python 作为相对较新的高级程序设计语言，现在广泛应用于网站、网络游戏后台等方面的开发。尤其是在前沿的人工智能开发领域，Python 是目前非常理想的程序设计语言之一。

本书在示例方面，分别用 Java 和 Python 两种语言实现，目的是希望无论是 Java 语言还是 Python 语言的学习者，都可以通过学习示例掌握数据结构与算法的思想。同时，对于想学习另一种语言的学习者，通过同一个示例使用自己掌握的语言去学习、理解另一种语言，也可以达到事半功倍的效果。我们这样编排也是对“数据结构与算法”课程建设的一种探索，希望学习者不仅将本书作为数据结构与算法的理论学习教材，也将本书作为程序设计语言强化学习的参考书。

本书共 8 章，崔松健负责第 1、3、4 章的编写，蒋理负责第 2、5、6 章的编写，魏瑾负责第 7、8 章的编写。本书编写小组全体成员参与了示例实现代码的编写，蒋理负责 Java 和 Python 两种语言代码的对照与核验。

由于编者水平有限，书中难免存在疏漏和不妥之处，敬请广大读者批评指正。

编者

2023 年 11 月

目录 CONTENTS

第1章 数据结构与算法概论

本章首先通过案例分析，诠释什么是算法和数据结构，接下来分别介绍数据结构和算法。本章重点介绍数据结构和算法的相关概念，难点是算法评价中正确地评价算法的时间复杂度。

1.1 问题求解

1.1

计算机发明以后，人们将很多现实问题用计算机来解决。计算机不仅可以解决计算问题，还可以帮助人们管理各种复杂的事务。

1.1.1 计算机解决问题的步骤

用计算机求解任何问题都离不开程序设计，但是计算机不能分析问题并制定问题的解决方案，因此需要人来分析问题，并制定相应的解决方案。一般来说，用计算机解决问题大致需要经过以下几个步骤：首先从具体问题抽象出适当的数学模型，然后设计一个解此数学模型的算法，最后编写程序交给计算机运行得到问题答案。

因此，计算机解决问题的过程一般归纳为：分析问题、设计算法、编写程序、调试程序。具体步骤如图 1-1 所示。

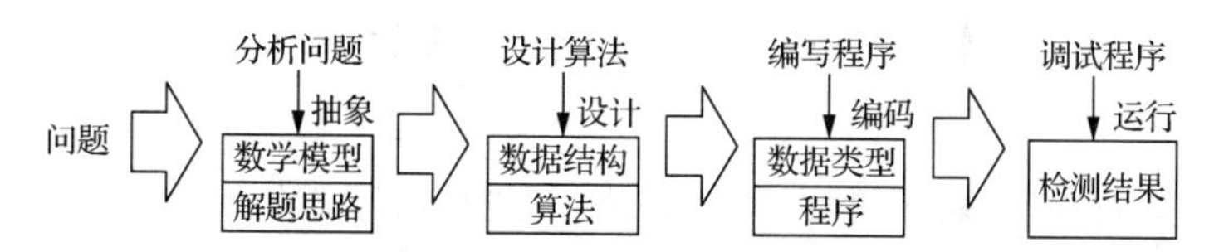

图 1-1 计算机解决问题的步骤

【例 1-1】一个长 75cm、宽 60cm 的长方形纸板，平均切割成大小相等的正方形纸板，使每个正方形纸板的面积最大，共可切割成多少个正方形纸板？

分析问题：

题目要求将整个长方形纸板平均切割成若干大小相等的正方形纸板，则正方形纸板的边长必须同时被 75 和 60 整除，为此问题转化为求 75 和 60 的公约数问题。要使切割后的面积最大，就要求正方形纸板的边长最长，问题转化为求两个数的最大公约数。

设计算法：

算法用来描述问题的解决方案，利用计算机解决问题的关键是如何将想法描述成算法，也就是如何指挥计算机一步一步执行，直到最终解决问题，完成任务。根据以上的分析，设计求最大公约数的算法。

算法 A：辗转相除法。

辗转相除法，又名欧几里得算法，其基本思想是：先用两个正整数中小的数除大的数，得到第一个余数；再用第一个余数除小的数，得到第二个余数；又用第二个余数除第一个余数，得到第三个余数；这样逐次用后一个余数去除前一个余数，直到余数为 0。那么，最后一个除数就是所求的最大公约数。具体实现过程如图 1-2（a）所示。

算法 B：穷举法。

穷举法，其基本思想是：把可能的情况一一列举出来进行验证。求两个正整数的最大公约数的穷举法解题步骤是：从两个数中较小的数开始由大到小列举，直到找到公约数立即中断列举，得到的公约数便是最大公约数。具体实现过程如图 1-2（b）所示。

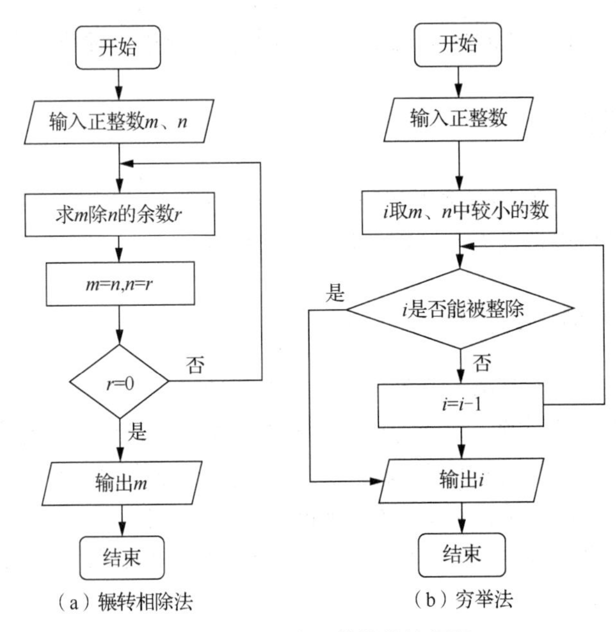

图 1-2　求最大公约数的流程图

编写程序：

计算机通过运行程序解决问题，我们将解决问题的算法转化成程序输入计算机中。由算法到程序就是将算法的操作步骤转换成计算机的指令，指导计算机运行。需要选择一种程序语言，将算法以某种规则的形式组织成计算机能够识别的语言。本例实现的方法如下：

Java:

```
int GDC1(int m,int n){//辗转相除法
    int r;
    do{
        r = m % n ;
        m = n ;
        n = r ;
    }while(r!=0) ;
    return m ;
}
int GDC2(int m,int n){//穷举法
    int i=m>n?n:m;
```

Python:

```
def GDC1(m,n): #辗转相除法
    if m<n :
        m,n = n,m
    r = m % n
    while r :
        m = n
        n = r
        r = m % n
    return n
def GDC2(m,n):#穷举法
    i = n if m>n else m
```

```
        while(m % i!=0 || n% i!=0){
            i-- ;
        }
        return i ;
    }
```

```
    while (m%i!=0 or n%i!=0):
        i -= 1
    return i
```

调试程序：

将上述编写好的程序通过编辑器输入计算机中，运行上述程序，如果有问题则调试直至问题解决，得到正确结果。

计算机学者沃思给出了一个公式：算法+数据结构=程序。从这个公式可以看到，算法和数据结构是构成程序的两个重要组成部分。一个“好”的程序首先是将问题抽象成好的数学模型，其次是基于该数学模型设计好的算法。学习数据结构的意义在于编写高质量、高效率的程序。

1.1.2 非数值数学模型

由问题到想法需要分析待处理的数据以及数据之间的关系，抽象出具体的数学模型并形成问题求解的基本思路。对于数值问题，抽象出的数学模型通常是数学方程；对于非数值问题，抽象出的数学模型通常是表、树、图等数据结构。

下面介绍 3 种典型的非数值数学模型。

1. 图书信息检索系统——线性数据结构

现代图书馆藏书量很大，读者要从图书馆中找到自己想要的书并不容易。如果我们借助计算机运算速度快的特点，可以高效、快捷地完成图书检索，这就要求图书馆按照一定的规则来存放相应的图书。为此，需要将图书信息按不同分类进行编排，建立合适的数据结构进行存储和管理，并按照某种算法编写相关程序，实现计算机自动检索。一个简单的图书信息检索系统包括一张按索书号、条码号和书名的顺序排列的图书信息表，如图 1-3（a）所示。这张表构成的文件便是图书信息检索系统的数学模型。计算机的主要操作便是按照用户的要求（如给定书名）对图书信息表进行顺序检索。图书信息表中的顺序关系可以被抽象成图 1-3（b）这样的结构关系。

索书号	条码号	书名
TP393.092/181	90073160	什么是算法
TP391.41/G239	70002010	数据库原理与应用
TP311.5/837	00777680	软件测试项目实践
TP316.8/454	00781862	Linux 系统编程
TP311.56/1422	00798076	Python 应用程序设计

（a）图书信息表

（b）结构关系

图 1-3 图书信息

诸如此类的系统还有学生信息管理系统、成绩查询系统、仓库管理系统等。在这类数学模型中，计算机处理的对象的关系通常可以抽象成一种简单的线性关系，这类数学模型可被称为线性数据结构。

2. 对弈问题——树

人机对弈问题是一个古老的人工智能问题，对弈过程是在一定规则约束下的随机过程。其解决问题的思路是将对弈策略事先存入计算机，包括对弈过程中所有可能出现的情况和相应的对策。制定对弈策略时，需要对对弈过程中所有可能发生的情况和相应的对策考虑周全，并根据棋盘当时的状态，预测棋局的发展态势。如此，才能保证人机对弈直至最后结束。因此，计算机操作的对象（数据元素）是对弈过程中的每一步棋盘状态（格局），数据元素之间的关系由比赛规则决定。通常，这个关系不是线性的，因为从一个格局可以派生出多个格局，所以通常用树形结构来表示。

图 1-4 所示的是井字棋的对弈树的局部。上面的大图是井字棋的一个格局，依据比赛规则，该格局可以派生出多个子格局，下面的小图是其中的 5 个子格局。格局之间的关系是由比赛规则决定的，每个格局又可以派生出多个子格局。从图 1-4 中可以看出，它是一种“多分支”关系，我们称为“树”。纵观整个对弈过程，从开始到结束，可以将每个格局及其子格局的这种多分支关系描述成一棵“倒长”的树，“树根”就是对弈开始前的格局，“树叶”就是可能出现的结局，对弈的过程就是从树根沿分支到达某树叶的过程。树是用来处理某些非数值计算问题的数学模型，是一种非线性的数据结构。

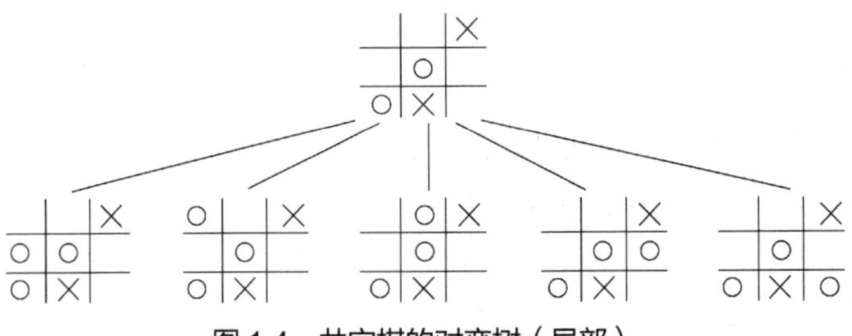

图 1-4　井字棋的对弈树（局部）

3. 城市道路问题——图

城市道路四通八达，要想从某一地点到另一地点，如果乘公交通常有多条路线可选。这些路线的选择，通常受转车次数、路程时间、路程费用等因素的制约。

图 1-5 描述了某个城市的部分公共交通路线。假设某名乘客要从地点 A 乘车到地点 G，乘客使用某种导航系统查询合适的乘车路线。为解决这个问题，系统必须建设城市公共交通的数学模型，有效地描述各个地点及其之间的路况、公交路线设置情况，以及每条路线的距离、乘车时间、乘车费用等。对于这类问题，通常采用“图”来描述路况——将地点抽象成一个点，地点之间的路线抽象成一条线，路线的花费用线上的数字描述，这些点、线就组成了一个图。然后，根据图的算法求解乘客对乘车路线的需求问题，并给出合理的乘车路线建议。图是一种复杂的、用来处理某些非数值计算问题的非线性的数据结构。

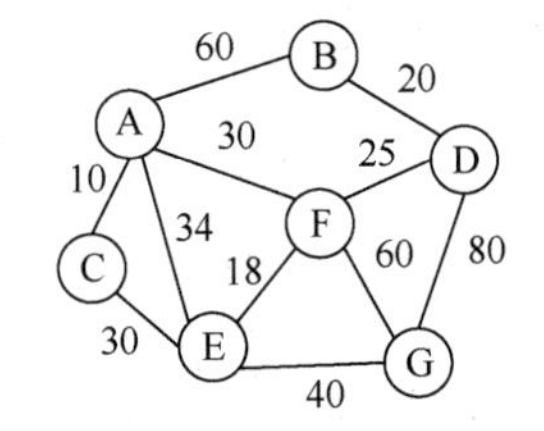

图 1-5　某个城市的部分公共交通路线

由上述 3 种典型的非数值数学模型可见，求解这类非数值计算问题的关键不再是数学公式，而是诸如表、树和图之类的数据结构。总的来说，数据结构是一门研究非数值计算问题中数据对象之间的相互关系及处理方法的课程。

1.2 数据结构概述

1.2

数据结构是计算机存储、组织数据的方式。数据结构是相互之间存在一种或多种特定关系的数据元素的集合，即带“结构”的数据元素的集合。“结构”是指数据元素之间存在的关系，分为逻辑结构和存储结构。

1.2.1 数据结构的相关概念

数据结构主要分为数据和结构两个大的方面。数据指的是研究对象，结构指的是对象之间的关系。以下是数据结构的相关概念。

1. 数据

数据（Data）是对客观事物的符号表示，在计算机科学中是指所有能输入计算机中并被计算机程序处理的符号的总称。数据可以分为两大类：一类是整数、实数等数值数据；另一类是文字、声音、图形、图像等非数值数据。

2. 数据元素

数据元素（Data Element）（元素）是数据的基本单位，在计算机程序中通常作为一个整体进行考虑和处理。如学籍管理系统中，学生是被处理对象，一个学生信息就是一个数据元素。

3. 数据项

一个数据元素可以由若干个数据项（Data Item）组成，数据项是数据不可分割的最小单位。每个数据项描述处理对象的一个属性，如学生信息中的学号或学生姓名等。

4. 数据对象

数据对象（Data Object）是性质相同的数据元素的集合，是数据的一个子集。如整数数据对象集合 $N=\{0,\pm 1,\pm 2,\cdots\}$、学籍管理系统中的学生信息数据库文件等。

5. 数据结构

数据结构（Data Structure）是指相互之间存在一定关系的数据元素的集合。需要强调的是，数据元素是讨论数据结构时涉及的最小单位，其中的数据项一般不予考虑。按照观察视角区分，数据的结构分为逻辑结构和存储结构。

6. 数据的逻辑结构

数据的逻辑结构（Logical Structure）是指数据元素及数据元素之间的逻辑关系，是从实际问题抽象出的数学模型，在形式上可定义为二元组：

$$\text{Data\_Structure}=(D,R)$$

其中，D 是数据元素的有限集合；R 是 D 上关系的有限集合。实际上，这个形式定义是对数学模型的一种数学描述，请看下面的例子。

【例 1-2】图 1-5 所示的数学模型可表示为：

$$\text{DS\_UrbanTransportation}=(D,R)$$

其中：

D={A,B,C,D,E,F,G}

R={(A,B),(A,C),(A,E),(A,F),(B,D),(C,E),(D,F),(D,G),(E,F),(E,G),(F,G)}

通常用逻辑关系图（Logical Relation Diagram）来描述数据的逻辑结构，其描述方法是：将每一个数据元素看成一个节点，用圆圈表示。元素之间的逻辑关系用节点之间的连线表示。如果强调逻辑关系的方向性，则用带箭头的连线表示。根据数据元素之间逻辑关系的不同，数据结构分为 4 类，如图 1-6 所示。

（1）集合：数据元素之间除了“同属于一个集合”的特性，数据元素之间无其他关系，它们之间的关系是松散的，如图 1-6（a）所示。

（2）线性结构：数据元素之间存在“一对一”的关系。即若结构非空，则它有且仅有一个开始节点和终端节点，开始节点没有前驱节点但有一个后继节点，终端节点没有后继节点但有一个前驱节点，其余节点有且仅有一个前驱节点和一个后继节点，如图 1-6（b）所示。

（3）树形结构：数据元素之间存在“一对多”的关系。即若结构非空，则它有一个称为根的节点，此节点无前驱节点，其余节点有且仅有一个前驱节点，所有节点都可以有 0 个或多个后继节点，如图 1-6（c）所示。

（4）图形结构：数据元素之间存在“多对多”的关系。即若结构非空，则在这种数据结构中任何节点都可能有多个前驱节点和后继节点，如图 1-6（d）所示。

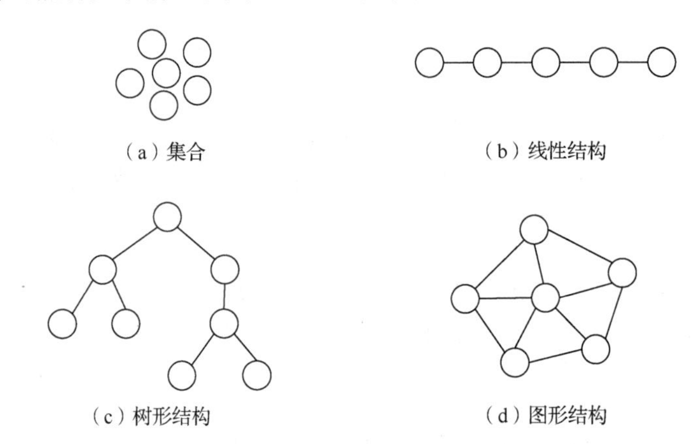

图 1-6　4 类数据结构

有时也将逻辑结构分为两大类，一类为线性结构，另一类为非线性结构。其中树、图和集合都属于非线性结构。

7. 数据的存储结构

数据的存储结构（Storage Structure）又称为物理结构，是指数据的逻辑结构在计算机存储器中的映射（或表示）。它包括数据元素在计算机中的存储表示和逻辑关系在计算机中的存储表示这两部分。通常有两种存储结构：顺序存储结构和链式存储结构。顺序存储结构的基本思想是，用一组连续的存储单元依次存储数据元素，数据元素之间的逻辑关系由元素的存储位置来表示，通过存储地址相邻来反映逻辑上的邻接关系。链式存储结构的基本思想是用一组任意的存储单元存储数据元素，数据元素之间的逻辑关系用指针来反映。

【例 1-3】如图 1-7 所示，对于 $DS\_Department = (D, R)$，其中：

$D = \{FD, HR, MKT, RDC\}$

$R = \{<FD, HR>, <HR, MKT>, <MKT, RDC>\}$

则 DS_Department 的顺序存储结构如图 1-7（a）所示，链式存储结构如图 1-7（b）所示。

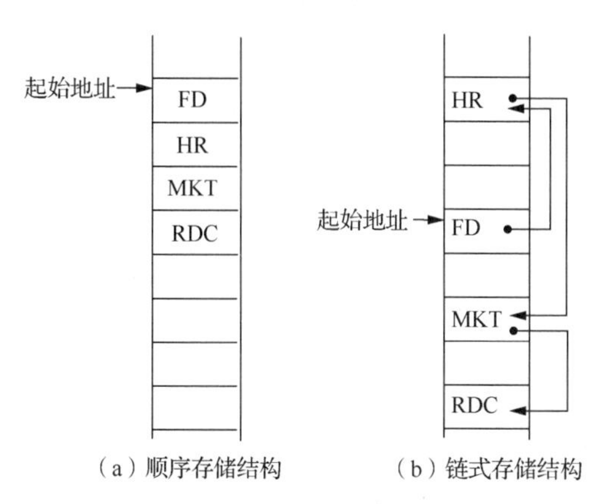

图 1-7　数据的存储结构

1.2.2　抽象数据类型

数据类型是高级程序语言中已有的概念。例如，整型、实型、字符型、布尔型等都是高级程序语言中常用的数据类型。不同的程序语言所提供的数据类型不一样，对各种数据类型的表示方式、取值范围、所允许的操作及其规则也有不同的规定。例如，在 Java 语言中，短整型数据通常用 2 个字节来表示，其取值范围为-32768～32767，允许有加、减、乘、除、求余等运算，且定义了运算规则。比如，整型数 5 除以整型数 3 的结果是 1，而不是 1.66667，这是 Java 语言中所定义的整型数运算的规则决定的。也就是说，所谓数据类型，就是对某一类数据的取值范围、数据的结构以及操作进行定义的一种描述。

可以看出，数据类型是一个与数据结构密切相关的概念，它是一组性质相同的值的集合和定义在其上的一组操作的描述。也可以说，它是一种已经封装好的数据结构。程序设计者在使用某种类型的数据时，不必了解数据在计算机内部的组织和表示的细节，也不必知道所规定的操作是如何实现的，而只需要关心它的“外部特性”——定义结果。这样就突出了数据本身的特征，隐蔽了其表示和实现的细节，从而方便了程序设计。

抽象数据类型（Abstract Data Type，ADT）是描述数据结构的一种理论工具，其目的是使人们能够独立于程序的实现细节来理解数据结构的特性。

抽象数据类型是计算机科学中具有类似行为的特定类别的数据结构的数学模型，是一个数学模型以及定义在该模型上的一组操作。抽象数据类型的定义仅取决于其逻辑特性，与其在计算机内部如何表示和实现无关，即不论其内部结构如何变化，只要数学特性不变，都不影响抽象数据类型外部的使用。

抽象数据类型一般通过数据对象、数据关系以及基本操作来定义，即抽象数据类型三要素是(D, R, P)，具体格式为：

```
ADT 抽象数据类型名{
    数据对象 D：<数据对象的定义>
    数据关系 R：<数据关系的定义>
    基本操作 P：<基本操作的定义>
}
```

其中基本操作的定义格式为：

```
基本操作名(参数表)
    初始条件：<初始条件描述>
    操作结果：<操作结果描述>
```

【例 1-4】树的抽象数据类型定义如下。

```
ADT Tree {
    数据对象 D：D 是具有相同特性的数据元素的集合
    数据关系 R：若 D 为空集，则称为空树；
      若 D 仅含一个数据元素，则 R 为空集，否则 R={H}，H 是如下二元关系：
      (1) 在 D 中存在唯一的称为根的数据元素 root，它在关系 H 下无前驱节点；
      (2)若 D-{root}≠∅，则存在 D-{root} 的一个划分 D_1,D_2,…,D_m (m>0)，对任意 j≠k(1≤j,k≤m)，
         有 D_j∩D_k =∅，且对任意的 i(1≤i≤m)，唯一存在数据元素 x_i ∈D_i，有<root, x_i>∈H；
      (3)对应 D-{root} 的划分，H-{<root,x_1>,…,<root,x_m>} 有唯一的一个划分 H_1,H_2,…,H_m (m>0)，
         对任意 j≠k(1≤j,k≤m) 有 H_j∩H_k =∅，且对任意的 i(1≤i≤m)，H_i 是 D_i 上的二元关系，
         (D_i,{H_i}) 是一棵符合本定义的树，称为根 root 的子树。
    基本操作 P：
      InitTree(&T)
          操作结果：构造空树 T。
      DestroyTree(&T)
          初始条件：树 T 存在。
          操作结果：销毁树 T。
      CreateTree(&T,definition)
          初始条件：definition 给出树 T 的定义。
          操作结果：按 definition 构造树 T。
      ClearTree(&T)
          初始条件：树 T 存在。
          操作结果：将树 T 清空。
      TreeEmpty(T)
          初始条件：树 T 存在。
          操作结果：若 T 为空树，则返回 TRUE，否则返回 FALSE。
      TreeDepth(T)
          初始条件：树 T 存在。
          操作结果：返回 T 的深度。
      Root(T)
          初始条件：树 T 存在。
          操作结果：返回 T 的根。
      Value(T,cur_e)
          初始条件：树 T 存在，cur_e 是 T 中某个节点。
```

```
        操作结果：返回 cur_e 的值。
    Assign(T,cur_e,value)
        初始条件：树 T 存在，cur_e 是 T 中某个节点。
        操作结果：节点 cur_e 赋值为 value。
    Parent(T,cur_e)
        初始条件：树 T 存在，cur_e 是 T 中某个节点。
        操作结果：若 cur_e 是 T 的非根节点，则返回它的双亲节点，否则函数值为“空”。
    LeftChild(T,cur_e)
        初始条件：树 T 存在，cur_e 是 T 中某个节点。
        操作结果：若 cur_e 是 T 的非叶子节点，则返回它的最左孩子节点，否则返回“空”。
    RightSibling(T,cur_e)
        初始条件：树 T 存在，cur_e 是 T 中某个节点。
        操作结果：若 cur_e 有右兄弟节点，则返回它的右兄弟节点，否则函数值为“空”。
    InsertChild(&T,&p,i,c)
        初始条件：树 T 存在，p 指向 T 中某个节点，1≤i≤p 所指节点的度加 1，非空树 c 与 T 不相交。
        操作结果：插入 c 为 T 中 p 指节点的第 i 棵子树。
    DeleteChild(&T,&p,i)
        初始条件：树 T 存在，p 指向 T 中某个节点，1≤i≤p 指节点的度。
        操作结果：删除 T 中 p 所指节点的第 i 棵子树。
    TraverseTree(T,Visit())
        初始条件：树 T 存在，Visit()是对节点操作的应用函数。
        操作结果：按某种次序对 T 的每个节点调用函数 Visit()一次且至多一次。一旦 Visit()失败，则操作失败。
}
```

1.3 算法概述

1.3

算法是解决问题的方法和步骤，是数据结构操作的具体实现。算法是建立在数据结构基础上的，未确定对数据进行何种操作就无法决定构造算法的方式。同样，设计好的算法也依赖作为基础的数据结构，数据结构决定了算法的可行性及效率。

1.3.1 算法及其特性

算法是对具体问题的求解步骤，是指令的有限序列。此外，算法还应具有下列特性。

① 有穷性：一个算法必须在执行有限步骤后终止，每一个步骤必须在有限时间内完成。

② 确定性：算法的每一步必须有明确的定义，对执行的每个动作必须有严格和明确的规定，不能有二义性。并且，在任何条件下，对于相同的输入只能得到相同的输出。

③ 可行性：算法应该是可行的，这意味着描述算法的每一条指令可以转换为某种程序语言对应的语句，并在计算机上可以执行。

④ 输入：一个算法有零个或多个输入，它们是算法的加工处理对象，这些输入取自特定的对象集合。

⑤ 输出：一个算法有一个或多个输出，它们与输入有特定的关系，是我们关注的结果。

算法与数据结构相辅相成。解决具体问题首先要选择合适的数据结构，然后根据所选的数据结构设计合理、高效的算法。数据结构的选择是否恰当直接影响算法效率的高低。一个算法的设计取决于选定的数据的逻辑结构，而算法的实现依赖于采用的数据的存储结构。

1.3.2 算法设计的要求

在算法设计时通常需要考虑以下几个方面的要求。

① 正确性：算法应当满足具体问题的需求，按算法编码好的计算机程序的执行结果应当符合预先设定的功能和性能要求，是正确的。

② 可读性：一个算法应当思路清晰、层次分明、易读易懂。可读性好，易于人对算法进行理解。

③ 健壮性：指一个算法对不合理数据输入的反应能力和处理能力，也被称为容错性。

④ 高效性：一个算法应当有效使用存储空间和有较高的效率。对于同一个问题，通常可以有多个解决算法，执行时间短、占用存储空间少的算法即“好的算法”。

1.3.3 算法描述方法

算法的描述方法很多，大致包括以下 4 种。

① 自然语言算法描述：用人类的自然语言来描述算法，同时可插入一些程序语言中的语句来描述，这种方法也被称为非形式算法描述。其优点是不需要专门学习，任何人都可以直接阅读和理解，但直观性很差，复杂的算法难写、难读。

② 框图算法描述：这是一种图示法，可以采用方框图、流程图、N-S 图等来描述算法，这种方法在算法研究的早期曾流行过。其优点是直观、易懂，但用来描述比较复杂的算法就显得不够方便，也不够清晰、简洁。

③ 伪代码算法描述：如类 C 语言算法描述。这种方法描述很像程序，但它不能直接在计算机上编译、运行。使用这种方法，算法编写起来很容易且易于阅读，而且格式统一、结构清晰。专业设计人员经常使用类 C 语言来描述算法。

④ 高级程序语言编写的程序或函数：即直接用高级程序语言来描述算法，它可在计算机上运行并产生结果，使给定问题能在有限时间内被求解。通常这种方法也被称为程序。

【例 1-1】展示了框图算法描述与 Java/Python 语言编写的函数。

1.3.4 算法评价

对于同一问题，可以有不同的解决方案，从而可以设计出不同的算法。此时对不同的算法做出客观的分析、评价，从而选择“优良”算法，便是进行算法分析的目的。

一个优良的算法除了满足前文提到的几个方面的要求，还必须以较少的时间与空间代价（简称时空代价）来解决相同规模的问题。于是，度量算法的优劣可以从该算法在计算机上的运行时间和所占存储空间来衡量和评判。算法分析就是预先分析算法在实际执行时的时空代价指标。

当一个算法被转换成程序并在计算机上运行时，其运行所需要的时间一般取决于下列几个因素。

① 硬件的性能。即主机本身的运行速度，主要与中央处理器（Central Processing Unit，

CPU）的主频和字长有关。

② 实现的语言。实现算法的程序语言的级别越高，其执行效率相对就越低。

③ 目标代码的质量。代码优化较好的编译程序所生成的程序质量较高。

④ 算法所采用的策略。采用不同设计思路与解决问题的方法，其时空代价是不同的，一般情况下时间指标与空间指标常常是矛盾的。

⑤ 问题的规模。例如，求 100 以内的素数与求 1000 以内的素数，其执行时间必然是不同的。

显然，在各种因素都不能确定的情况下，很难比较算法的执行时间。也就是说，用算法的绝对执行时间来衡量算法的效率是不合适的。为此，可以将上述各种与计算机相关的软、硬件因素都确定下来，仅对采用不同策略的算法，分析其时空代价随问题规模大小变化的对应关系，即时空代价仅依赖于问题的规模（通常用正整数 n 表示），或者说它是问题规模的函数。这种函数被称为算法的时间复杂度和空间复杂度。

1. 时间复杂度

一个程序的时间复杂度（Time Complexity）是指该程序的运行时间与问题规模的对应关系。

一个算法是由控制结构和原操作构成的，其执行时间取决于两者的综合效果。为了便于比较同一问题的不同的算法，通常的做法是：从算法中选取一种对于所研究的问题来说是基本运算的原操作，以该原操作重复执行的次数作为算法的时间度量。一般情况下，算法中原操作重复执行的次数是该算法所处理问题的规模 n 的某个函数 $T(n)$ 。

【例 1-5】以下是冒泡排序算法的程序段。

Java:

```java
void bublleSort(int[] arr){
    for(int i=1;i<arr.length;i++){
        for(int j=1;j<=arr.length-i;j++){
            if(arr[j-1]<arr[j]){
                int temp = arr[j] ;
                arr[j] = arr[j-1] ;
                arr[j-1] = temp ;
            }
        }
    }
}
```

Python:

```python
def sort(self):
    k = len(self.list)-2
    while k>=0 :
        i = 0
        while i<=k :
            if self.list[i]>self.list[i+1]:
                temp = self.list[i]
                self.list[i] = self.list[i+1]
                self.list[i+1] = temp
            i += 1
        k -= 1
```

从中我们可以看到，“相邻两个元素交换位置”运算是冒泡排序算法的基本原操作。整个算法的执行时间取决于该基本操作重复执行次数的时间，其近似与 n 成正比，故记作 $T(n)=O(n^2)$。

事实上，要精确地计算 $T(n)$ 是很困难的，因此，引入“渐近时间复杂度”在数量级上来估算一个算法的执行时间，从而达到分析算法的目的。算法中，基本操作重复执行的次数是问题规模 n 的某个函数 $f(n)$，算法的时间量度记作 $T(n)=O(f(n))$。

随着问题规模的增大，算法执行时间的增长率和 $f(n)$ 的增长率相同，被称为算法的渐近时间复杂度（Asymptotic Time Complexity），简称时间复杂度。这个原操作通常是算法最深层循环内语句中的原操作，它的执行次数和最深层循环语句的频度相同。

【例 1-6】表 1-1 中有 4 段程序，它们的语句频度与时间复杂度分别如下：

表 1-1　程序段与语句频度及时间复杂度

程序段	语句频度	时间复杂度
`{ i=i+1; }`	1	$O(1)$
`for(i=0;i<n;i++)` `a[i]=i*i;`	n	$O(n)$

`i=1;`
`while(i<n )`
`i=i* 2;`
	$\log_2 n$	$O(\log_2 n)$

`for(i=0;i<n;i++)`
`for(j=i;j<n;j++)`
`a[i][j]= i*j;`
	n^2	$O(n^2)$

时间复杂度 $O(1)$、$O(n)$、$O(\log_2 n)$、$O(n^2)$ 分别称为常量阶、线性阶、对数阶、平方阶，另外，常见的时间复杂度还有线性对数阶 $O(n\log_2 n)$、立方阶 $O(n^3)$、指数阶 $O(2^n)$……

按数量级递增排列：

$$O(1)<O(\log_2 n)<O(n)<O(n\log_2 n)<O(n^2)<O(n^3)<\cdots<O(2^n)<O(n!)$$

对于指数阶 $O(2^n)$ 和阶乘阶 $O(n!)$ 时间复杂度的算法，其执行时间会随问题规模 n 的增大呈指数量级激增，因此，一定要避免指数阶和阶乘阶时间复杂度的算法设计。

2. 空间复杂度

一个算法的存储空间需求指依据该算法编码实现的计算机程序在计算机上执行时，从运行开始到结束所需要的全部存储空间，以空间复杂度（Space Complexity）作为量度，记作 $S(n)=O(f(n))$。其中，n 是问题的规模。

程序的一次运行是针对所求解的特定问题开展的，除了需要固定的存储空间来存储程序本身的代码指令、常量和输入数据，还需要一些动态空间来存储程序与问题规模有关的特定数据。如对 100 个数据元素进行排序与对 10000 个数据元素进行排序，所需的存储空间显然是不同的。可见，支持程序运行所需的存储空间具有不确定性，难以估量。同时，随着计算机硬件设备的性能大幅提高和价格的降低，目前，算法的空间复杂度已不作为算法的主要性能量度。

本章小结

本章是对数据结构与算法的概述，首先通过对计算机业内的普通问题的分析，诠释了算法与数据结构的概念；接下来详细介绍了数据结构的相关概念和抽象数据类型；然后介绍了算法，包括算法及其特性、算法设计的要求和算法的描述；最后重点介绍了算法的评价方法。

本章习题

1.【单选题】通常要求同一逻辑结构中的所有数据元素具有相同的特性，这意味着（　　）。

A. 数据具有同一特点

B. 不仅数据元素所包含的数据项的个数要相同，而且对应数据项的类型要一致

C. 每个数据元素都一样

D. 数据元素所包含的数据项的个数要相等

2.【单选题】下列叙述中正确的是（　　）。

A. 一个逻辑数据结构只能有一种存储结构

B. 数据的逻辑结构属于线性结构，存储结构属于非线性结构

C. 一个逻辑数据结构可以有多种存储结构，且各种存储结构不影响数据处理的效率

D. 一个逻辑数据结构可以有多种存储结构，且各种存储结构影响数据处理的效率

3.【单选题】算法分析的目的是（　　）。

A. 找出数据结构的合理性　　B. 研究算法中的输入和输出的关系

C. 分析算法的效率以求改进　　D. 分析算法的易懂性和文档性

4.【单选题】算法分析的两个主要方面是（　　）

A. 空间复杂性和时间复杂性　　B. 正确性和简明性

C. 可读性和文档性　　D. 数据复杂性和程序复杂性

5.【单选题】某算法的语句执行频度为$3n+n\log_2 n+n^2+8$，其时间复杂度为（　　）。

A. $O(n)$　　B. $O(n\log_2 n)$　　C. $O(n^2)$　　D. $O(\log_2 n)$

6.【判断题】数据结构是数据对象与对象中数据元素之间的关系的集合。（　　）

7.【判断题】数据的逻辑结构与数据元素本身的内容和形式无关。（　　）

8.【判断题】算法就是程序。（　　）

第2章 线性表

线性表是最基本、最简单也是最常用的一种数据结构。线性表的逻辑结构简单，便于实现和操作。因此，线性表这种数据结构在实际中是广泛应用的一种数据结构。线性表和一维数组一样，可以直接用作存放数据的容器，也可以通过类的封装，实现很多更强大、更复杂的功能。

2.1 线性表的概念

2.1

线性表是 n 个具有相同特性的数据元素的有限序列。n 表示线性表的长度，即数据元素的个数。$n=0$ 时，表为空表，$n>0$ 时，记为 $(a_1, a_2, \cdots, a_{i-1}, a_i, a_{i+1}, \cdots, a_n)$。线性表中数据元素之间的关系是一对一的关系，除了第一个和最后一个数据元素，其他数据元素都是首尾相接的。

在非空线性表中，有且只有一个第一个元素，且只有一个最后一个元素。除第一个元素之外，其他元素都有唯一的直接前驱元素。除最后一个元素之外，其他元素都有唯一的直接后继元素。

数据元素在不同问题中的含义各不相同，可以是一个数、一个符号、一条记录，或其他复杂的信息。

【例 2-1】表 2-1 是一个学生成绩表，也是一个线性表。表中的数据元素是每一个学生的信息，包括学号、姓名、成绩共 3 个数据项，也就是每一行是一个数据元素。

表 2-1　学生成绩表

学号	姓名	成绩
043801	陈实	80
043802	陈信	85
043803	秦俭	82
043804	秦奋	90
……	……	……
043850	钟毅	88

第一行数据表示的元素：1 号陈实 80 分，是此线性表的第一个元素，它的前驱元素为空，它的后继元素是 2 号陈信 85 分。

最后一行 50 号钟毅 88 分，是此线性表的最后一个元素，它的后继元素为空，它的前驱元素是上一行 49 号元素。

其他元素的前驱元素和后继元素都不为空，且每个元素有且只有一个前驱元素和一个后继元素。

对于线性表的操作主要为增、删、改、查，根据指定的条件进行操作，主要有以下操作。

■ 初始化线性表：为线性表分配内存空间。

■ 查找线性表中第 i 个元素：查找线性表中第 i 个元素，作为返回值。

■ 查找满足给定条件的数据元素：按条件在线性表中找出对应的元素，作为返回值。

■ 在指定位置插入新的数据元素：按条件找到线性表中指定位置，将新元素插入指定位置。

■ 删除线性表中的第 i 个数据元素：删除线性表中的第 i 个数据元素，将后继元素连接到前一个元素后。

■ 查找表中第 i 个元素的前驱元素：查找第 i 个元素的前驱元素，作为返回值。

■ 查找表中第 i 个元素的后继元素：查找第 i 个元素的后继元素，作为返回值。

■ 表置空：清空线性表中的元素。

2.2 线性表的顺序存储结构

2.2

通常，线性表可以采用顺序存储结构和链式存储结构两种。顺序存储结构是存储线性表最简单的结构之一，顺序存储结构指将线性表中的元素一个接一个地存储在一片连续的存储区域中。这种顺序存储结构的线性表也称为顺序表。

2.2.1 顺序表的概念

顺序存储结构用一段地址连续的存储单元存储相邻数据元素，或把逻辑上相邻的节点存储在物理位置上相邻的存储单元中，节点之间的逻辑关系由存储单元的邻接关系来体现（逻辑地址与物理地址统一），要求内存中可用的存储单元的地址必须是连续的。

在 Java 中，使用数组表示顺序表。在 Python 中，使用列表表示顺序表。顺序表的结构可以参考图 2-1。

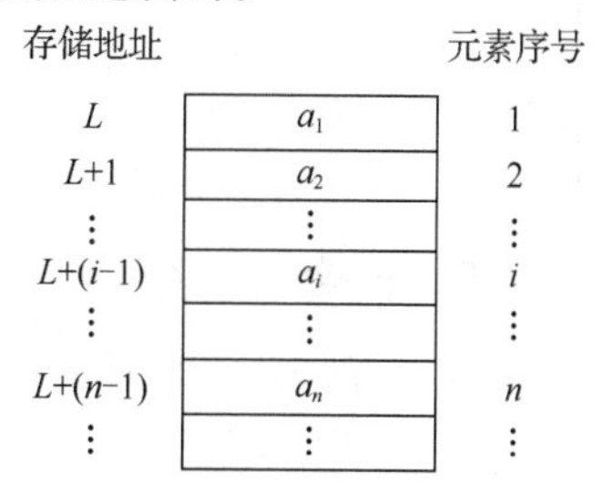

图 2-1　顺序表的结构

对于顺序表，由于物理地址与逻辑地址统一，所以下标与数据元素的序号也是一一对应的。顺序表的基本操作中涉及第 i 个元素的问题，利用下标可以快速定位。

2.2.2 顺序表的操作

顺序表的操作主要包括初始化顺序表、查找顺序表中第 i 个元素、在顺序表的头部或尾部添加新数据元素或删除元素、在指定位置插入新数据元素或删除元素。

Java 代码 2-1　Python 代码 2-1

1. 初始化顺序表

初始化顺序表的主要工作是为顺序表分配内存空间，实际上就是初始化数组或列表。实现的方法如下：

Java:
```java
void init(){
    list = new String[LENGTH] ;
    tailIndex = -1 ;//尾元素位置，-1表示空
}
```

Python:
```python
def __init__(self):
    self.list = []
    self.length = 0 #列表中元素个数
```

2. 查找顺序表中的第 *i* 个元素

不管是 Java 还是 Python，直接使用数组或列表下标就可以访问到指定的元素，所以具体方法就不赘述。

3. 在顺序表的头部添加新数据元素

在插入新元素时，需要将所有元素依次向后移动。实现的方法如下：

Java:
```java
void addInHead(String str){
    if(tailIndex==LENGTH-1){
        return ;
    }
    for(int i=tailIndex;i>=0;i--){ //全体后移
        list[i+1] = list[i] ;
    }
    list[0] = str ;
    tailIndex ++ ;
}
```

Python:
```python
def addInHead(self,data):
    i = len(self.list)
    self.list.append("") #先添加一个空位
    while(i>=1): #将所有元素依次后移
        self.list[i] = self.list[i-1]
        i -= 1
    self.list[0] = data
    self.length += 1
```

4. 在顺序表的尾部添加新数据元素

直接在顺序表的尾部添加元素即可，不影响别的元素位置。实现方法如下：

Java:
```java
void addInTail(String str){
    if(tailIndex==LENGTH-1){
        return ;
    }
    list[tailIndex+1] = str ;
    tailIndex ++ ;
}
```

Python:
```python
#直接调用列表的append()函数即可
```

5. 删除顺序表头部的数据元素

在删除头部元素时，需要将后面所有元素依次向前移动。实现的方法如下：

Java:
```java
void deleteInHead(){
    if(tailIndex<0){ //数组中没有元素时，不进行操作
        return ;
    }
    for(int i=0; i<tailIndex ; i++){ //将后面所有元素依次向前移动
        list[i] = list[i+1] ;
    }
    list[tailIndex] = null ;
    tailIndex -- ;
}
```

Python:
```
def deleteInHead(self):
    if(self.length==0): #数组中没有元素时，不进行操作
        return
    i = 0
    while(i<self.length-1): #将后面所有元素依次向前移动
        self.list[i] = self.list[i+1]
        i += 1
    self.list.pop()
    self.length -= 1
```

6. 删除顺序表尾部的数据元素

在删除尾部元素时，直接删除即可。实现的方法如下：

Java:
```
void deleteInTail(){
    if(tailIndex<0){ //数组中没有元素
        return ;
    }
    list[tailIndex] = null ;
    tailIndex -- ;
}
```

Python:
```
#直接调用列表的 pop() 函数。
```

7. 在指定位置插入新的数据元素

在插入新元素时，需要将指定位置后面的元素依次向后移动。实现的方法如下：

Java:
```
void addByIndex(String str,int index){
    if(tailIndex==LENGTH-1){ //需要考虑数组容量的问题
        return ;
    }
    for(int i=tailIndex;i>=index;i--){ //将指定位置后面的元素依次后移
        list[i+1] = list[i] ;
    }
    list[index] = str ;
    tailIndex ++ ;
}
```

Python:
```
def addByIndex(self,index,data):
    if(index<0 or index>=self.length):
        return
    self.list.append("")
    i = self.length
    while (i >= index+1): #将指定位置后面的元素依次后移
        self.list[i] = self.list[i - 1]
        i -= 1
    self.list[index] = data
    self.length += 1
```

8. 删除顺序表中第 *i* 个数据元素

在删除指定位置元素时，需要将指定位置后面的所有元素依次向前移动。实现的方法如下：

```
Java:
void deleteByIndex(int index){
    if(tailIndex<0){ //数组中没有元素时，不进行操作
        return ;
    }
    if(index>tailIndex){ //index超出范围，不进行操作
        return ;
    }
    for(int i=index; i<tailIndex ; i++){ //将指定位置后面的所有元素依次向前移动
        list[i] = list[i+1] ;
    }
    list[tailIndex] = null ; //最后一个位置置空
    tailIndex -- ;
}
```

```
Python:
def deleteByIndex(self,index):
    if (index < 0 or index >= self.length): #index超出范围，不进行操作
        return
    i = index
    while (i < self.length - 1): #将指定位置后面的所有元素依次向前移动
        self.list[i] = self.list[i + 1]
        i += 1
    self.list.pop()
    self.length -= 1
```

2.3 线性表的链式存储结构

2.3

线性表除了可以采用顺序存储结构，还可以采用链式存储结构。采用链式存储结构的线性表也称为链表。链表不限制数据元素的物理存储位置，它使用链表节点来存储每个数据元素，每个节点包含两个部分：数据元素本身和一个指向直接后继元素的引用（指针）。通过指针将各个节点连接起来，从而实现数据元素之间的逻辑关系。

2.3.1 链表的概念

链表对数据元素存储单元没有要求，可以是相邻的，也可以是不相邻的，所以物理位置上的关系不能反映节点间的逻辑关系。

在 Java 和 Python 中，使用引用指向对象。这和早期的编程语言中指针的作用是相似的，但是指针可以直接操作内存地址。为了编程的安全，Java 和 Python 的引用不能直接操作内存地址，程序员可以通过引用操作对象，但不能操作内存地址。由于指针和引用的目的都是操作对象，又由于指针的出现早于引用，所以在称谓上节点中表示引用的部分又被称为指针域。在后面的表述中，Java 和 Python 中所说的指针就是引用。

链表由一系列节点（链表中每一个元素称为节点）组成，节点可以在运行时动态生成。每个节点包括两个部分：一个是存储数据的数据域，另一个是存储指针的指针域。链表的节点结构如图 2-2 所示。

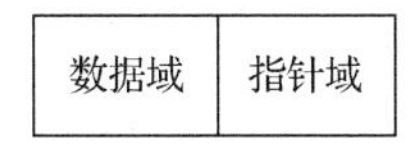

图 2-2　链表节点结构

2.3.2　单向链表

单向链表也称单链表，指的是节点的指针域中只有一个指针，这个指针指向下一个节点。本节将介绍单向链表节点的定义与单向链表的操作。单向链表结构如图 2-3 所示。

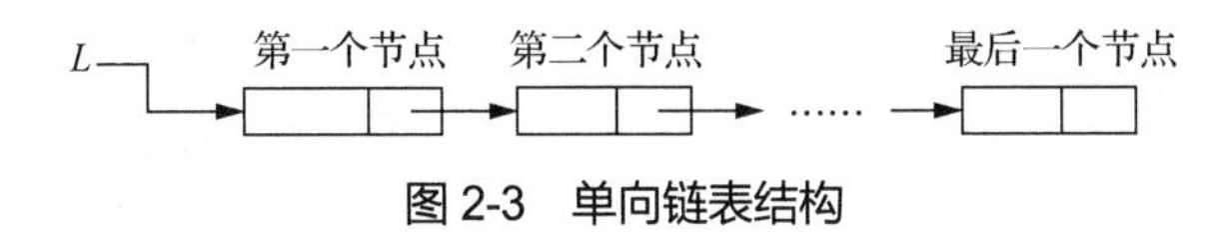

图 2-3　单向链表结构

Java 代码 2-2

Python 代码 2-2

单向链表的实现如下。

1. 单向链表节点的定义

节点中，data 表示数据域，next 表示指向下一个节点的指针，实现的方法如下：

Java:

```
public class SinNode {  //单向链表节点
     Object data ;
     SinNode next ; //next 指向的下一个节点的数据类型也必须是 SinNode
     SinNode(Object data){
         this.data = data ;
     }
}
```

Python:

```
class SinNode:
      def __init__(self,data):  #单向链表节点
          self.data = data
     self.next:SinNode = None  #指向的下一个节点的数据类型也必须是 SinNode
```

2. 单向链表的初始化

在链表中需要有一个指针指向链表的第一个节点，也就是头节点，所以链表的初始化的主要任务就是定义头节点。实现的方法如下：

Java:

```
SinNode head ;
```

Python:

```
def __init__(self):
     self.head:SinNode = None
```

3. 遍历单向链表中的所有元素

为了遍历链表中的所有元素，需要使用一个可移动的指针。首先，将该指针指向头节点。然后，只要指针不为空，就访问当前节点的数据域，并将指针移动到下一个元素。这样循环，直到指针指向空，完成遍历。实现的方法如下，操作示意如图 2-4 所示。

```
Java:
void display(){
      SinNode p = head ;//可移动指针
      while(p!=null){
          System.out.print(p.data+"  ");
          p = p.next ;
      }
      System.out.println() ;
}
```

```
Python:
def display(self):
      p = self.head  #可移动指针
      while p!=None :
            print(p.data,end="  ")
            p = p.next
      print()
```

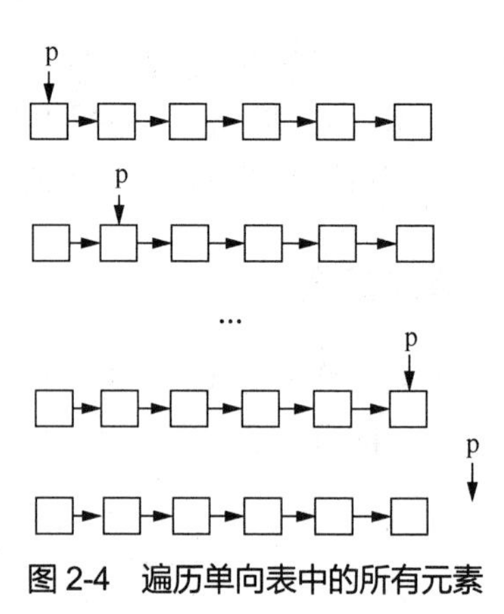

图 2-4　遍历单向表中的所有元素

4. 在链表的头部添加新节点

将原来的头节点作为第二个节点，连在新节点后面，再将 head 指针指向新节点即可。实现的方法如下，操作示意如图 2-5 所示。

```
Java:
void addInHead(SinNode n){
      n.next = head ;
      head = n ;
}
```

```
Python:
def addInHead(self,n):
      n.next = self.head
      self.head = n
```

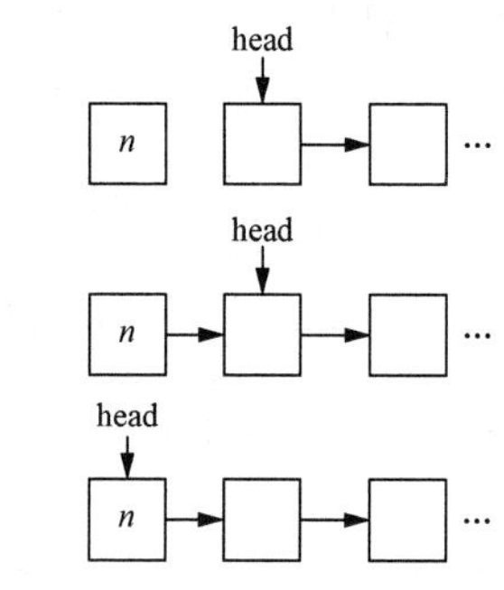

图 2-5　在链表的头部添加新节点

5. 将链表头节点删除

在链表中删除头节点的过程就是添加头节点的逆过程，先将 head 指针指向下一个节点，然后将原头节点的 next 指针置空。需要注意的是，在操作之前需要考虑空指针的问题。实现的方法如下：

```
Java:
void deleteInHead(){
      SinNode p = head ;
      if(p==null){ //链表为空
            return ;
      }
      if(p.next==null){ //链表只有一个节点
            head = null ;
            return ;
      }
      head = head.next ; //head指针后移
      p.next = null ; //原头节点的 next 指针置空
}
```

```
Python:
def deleteInHead(self):
      if self.head==None :  #链表为空
            return
      if self.head.next==None : #只有一个节点
            self.head = None
            return
      p = self.head
      self.head = self.head.next  #head指针后移
      p.next = None  #原头节点的 next 指针置空
```

6. 在链表的尾部添加新节点

在链表的尾部添加新节点，首先要找到链表中的最后一个节点（也称尾节点），尾节点的特点是它的 next 指针置空，可以用遍历链表的思想找到尾节点。然后直接在尾节点的后面加上新节点即可。实现的方法如下：

Java：

```java
void addInTail(SinNode n){
    SinNode p = head ;
    if(p==null){ //空链表
        addInHead(n) ;
        return ;
    }
    while(p.next!=null){ //找尾节点
        p = p.next ;
    }
    p.next = n ; //添加新节点
}
```

Python：

```python
def addInTail(self, n):
    p = self.head
    if self.head == None: #空链表
        self.head = n
            return
        while p.next != None: #找尾节点
            p = p.next
        p.next = n #添加新节点
```

7. 将链表尾节点删除

将链表尾节点删除。比较特殊的地方在于，需要找到尾节点前面的节点，将它的 next 指针置空。尾节点前面的节点的特征在于它的 next 指针为空，查找的方法和遍历的方法相似。在操作前，需要考虑空指针的情况。实现的方法如下，操作示意如图 2-6 所示。

Java：

```java
void deleteInTail(){
    SinNode p = head ;
    if(p==null){ //链表为空
        return ;
    }
    if(p.next==null){ //链表中只有一个节点
        head = null ;
        return ;
    }
    while(p.next.next!=null){ //找倒数第二个节点
        p = p.next ;
    }
    p.next = null ; //删除尾节点
}
```

Python：

```python
def deleteInTail(self):
    if self.head==None: #链表为空
        return
    if self.head.next == None: #只有一个节点
        head = None
        return
    p = self.head
    while p.next.next!=None : #找倒数第二个节点
        p = p.next
    p.next = None #删除尾节点
```

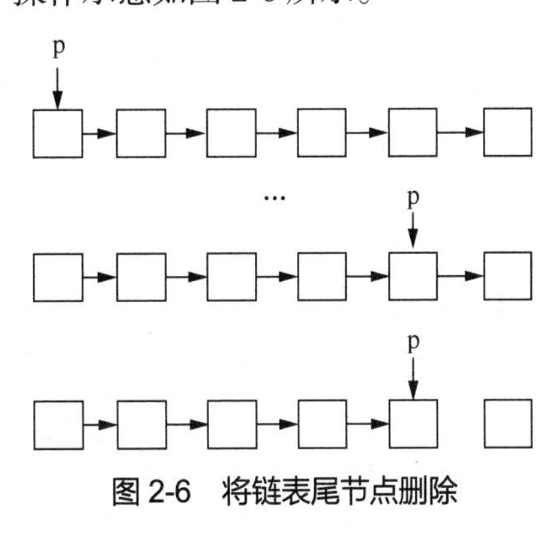

图 2-6　将链表尾节点删除

8. 在第 index 位置上，插入新的节点

和前文类似，需要找到第 index-1 个元素，在它的后面添加节点。实现的方法如下，操作示意如图 2-7 所示。

Java:	Python:

<pre>void addByIndex(int index,SinNode n){
//index 从 0 计数
    if(index<0){
        return ;
    }
    SinNode p = head ;
    int i = 0 ; //计数器
    while(p!=null){
        if(i==index-1){
            break ;
        }
        p = p.next ;
        i ++ ;
    }
    if(p==null){ //未能计数到 index
        return ;
    }
    n.next = p.next ;
    p.next = n ;
}</pre>
	<pre>def addByIndex(self,index,n:SinNode):
	#index 从 0 计数
	    if index<0:
	        return
	    p = self.head
	    i = 0 #计数器
	    while p!=None:
	        if i==index-1:
	            break
	        p = p.next
	        i += 1
	    if p==None : #未能计数到 index
	        return
	    n.next = p.next
	    p.next = n</pre>

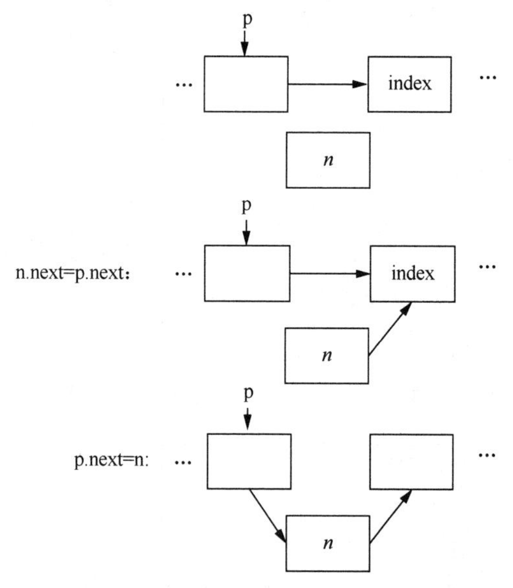

图 2-7　在第 index 位置上插入新的节点

9. 删除指定值的节点

这个例子的关键是找出目标节点的前一个节点，也就是比较的时候用的是 p.next.data。实现方法如下，操作示意如图 2-8 所示。

```
Java:
void deleteByData(String data){
     if(head == null){
          return ;
     }
     SinNode p = head ;
     if(p.data==data){
          deleteInHead();
     }
     while(p.next!=null){
          if(p.next.data==data){
                break;
          }
          p = p.next ;
     }
     if(p.next==null){ //未找到目标节点
          return;
     }
     SinNode q = p.next ;
     p.next = q.next ;
     q.next = null ;
}
```

```
Python:
def deleteByData(self,data):
     if self.head == None :
           return
     p = self.head
     if p.data == data:
           self.deleteInHead()
     while p.next!=None :
          if p.next.data == data:
                break
          p = p.next
     if p.next==None: #未找到目标节点
          return
     q = p.next
     p.next = q.next
     q.next = None
```

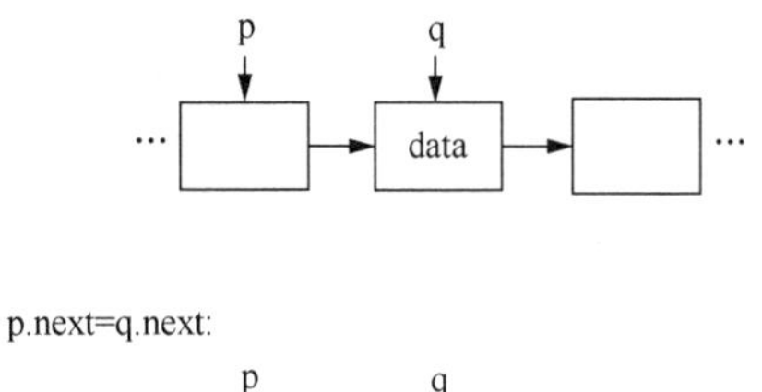

p.next=q.next:

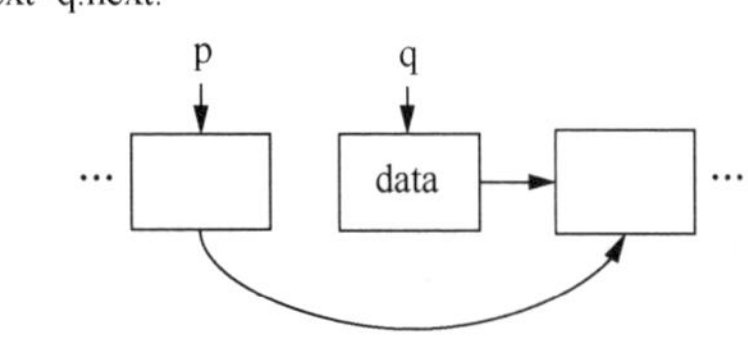

q.next = null(Null):

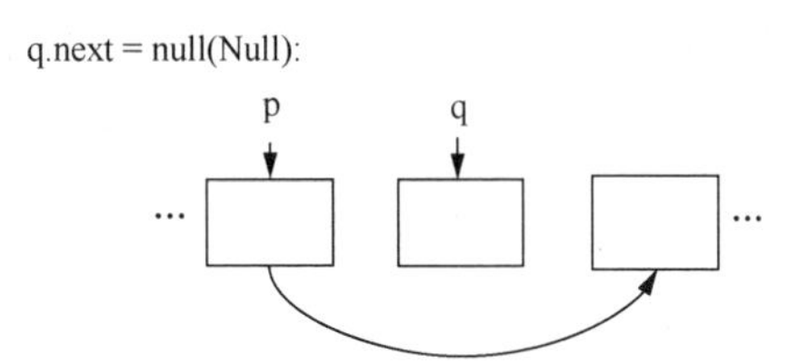

图 2-8　删除指定值的节点

2.3.3　双向链表

在单向链表的操作中，由于节点只有一个指向下一个节点的指针，使得有些操作的逻辑比较麻烦。比如必须停留在被删除节点的前一个节点，才能对其进行删除。为了让节点操作更灵活，给节点再加上一个指向上一个节点的指针。这样，每个节点的指针域就有了两个指针，分别指向其前驱、后继节点。双向链表节点的结构如图 2-9 所示。

prior	data	next

图 2-9　双向链表节点的结构

双向链表的实现如下。

1．双向链表节点的定义

双向链表节点和单向链表节点相比，只是在指针域添加了指向前一个节点的指针 prior。实现方法如下：

Java 代码 2-3

Python 代码 2-3

Java:
```java
public class DulNode {//双向链表节点
    Object data;
    DulNode next ;
    DulNode prior ;
    DulNode(Object data){
        this.data = data ;
    }
}
```

Python:
```python
class DulNode:
    def __init__(self,data):
        self.data = data
        self.next:DulNode = None
        self.prior:DulNode = None
```

2. 双向链表的初始化与遍历

双向链表的初始化和单向链表的一样，也需要一个 head 指针维护链表。对于遍历，其方法和单向链表遍历的方法完全一样，只用到 next 指针，所以这两部分不赘述。

3. 在双向链表的头部添加新节点

在双向链表的头部添加新节点的思路和单向链表的很相似，只是需要维护原头节点的 prior 指针。实现方法如下：

Java:
```java
void addInHead(DulNode n){
    if(head==null){
        head = n ;
        tail = n ;
        return ;
    }
    n.next = head ;
    head.prior = n ;
    head = n ;
}
```

Python:
```python
def addInHead(self,node:DulNode):
    if self.head!=None:
        node.next = self.head
        self.head.prior = node
    self.head = node
```

4. 将双向链表的头节点删除

当头节点不为空时，head 指针指向下一个节点。此时的 head 指针不为空时，先将原头节点的 next 指针置空，再将当前头节点的 prior 指针置空。实现方法如下，操作示意如图 2-10 所示。

Java:
```java
void deleteInHead(){
    if(head!=null){
        head = head.next ;
        if(head!=null){
            head.prior.next = null ;
            head.prior = null ;
        }
    }
}
```

Python:
```python
def deleteInHead(self):
    if self.head!=None:
        self.head = self.head.next
        if self.head!=None:
            self.head.prior.next = None
            self.head.prior = None
```

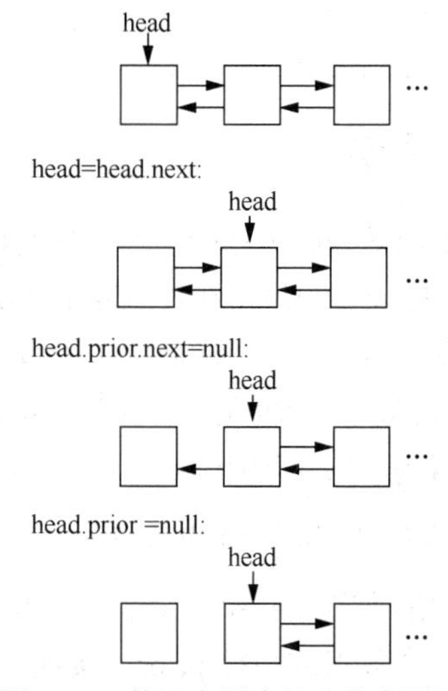

图 2-10　将双向链表的头节点删除

5. 在双向链表的尾部添加新节点

在双向链表的尾部添加新节点的思路和单向链表的相似，需要额外维护新尾节点的 prior 指针。实现方法如下：

Java：

```java
void addInTail(DulNode n){
    if(head==null){
        head = n ;
        return ;
    }
    DulNode p = head ;
    while(p.next!=null){  //找尾节点
        p = p.next ;
    }
    p.next = n ;
    n.prior = p ;
}
```

Python：

```python
def addInTail(self,n:DulNode):
    if self.head==None:
        self.head = n
        return
    p = self.head
    while p.next != None:  #找尾节点
        p = p.next
    p.next = n
    n.prior = p
```

6. 将双向链表的尾节点删除

与单向链表的操作不同，由于双向链表节点的指针较多，所以不再需要定位到倒数第二个节点，直接找到尾节点，然后进行删除操作即可。实现方法如下：

Java：

```java
void deleteInTail(){
    if(head==null){
        return ;
    }
    if(head.next==null){
        head = null ;
        return ;
    }
    DulNode p = head ;
    while(p.next!=null){  //找到尾节点
        p = p.next ;
    }
    p.prior.next = null ;
    p.prior = null ;
}
```

Python：

```python
def deleteInTail(self):
    if self.head==None:
        return
    if self.head.next==None:
        self.head = None
        return
    p = self.head;
    while p.next != None: #找到尾节点
        p = p.next
    p.prior.next = None
    p.prior = None
```

7. 在满足条件的第一个节点后添加节点

首先用遍历的方法找到满足条件的第一个节点，然后进行添加节点的操作。由于涉及的指针比较多，所以在实现的过程中需要注意指针的操作顺序，具体的实现方法不局限于下面的示例。以下是一种实现方法，操作示意如图 2-11 所示。

Java：

```java
void addAfterData(DulNode n,String s){
    DulNode p = head ;
    while(p!=null && !p.data.equals(s)){
    //找满足条件的第一个节点
```

```
            p = p.next ;
        }
        if(p==null){ //未找到目标节点
            return ;
        }
        n.prior = p ;
        if(p.next!=null){ //p 指向的不是尾节点
            n.next = p.next ;
            p.next.prior = n ;
        }
        p.next = n ;
}
```

Python:

```
def addAfterData(self,data,n:DulNode):
        p = self.head
        while p!=None and p.data!=data:
            p = p.next
        if p==None:  #未找到目标节点
            return
        n.prior = p
        if p.next!=None:  #p 指向的不是尾节点
            n.next = p.next
            p.next.prior = n
        p.next = n
```

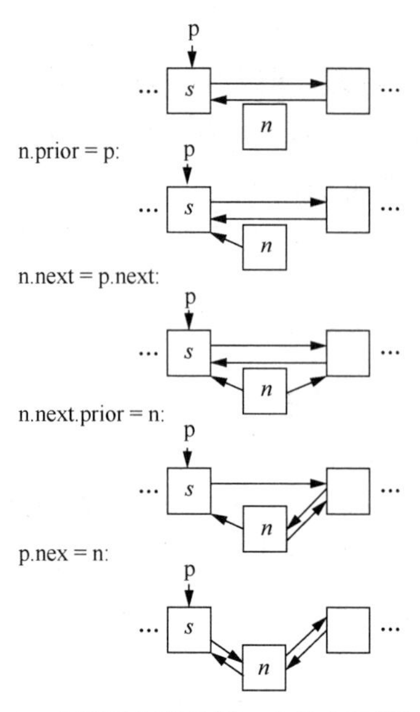

图 2-11　在满足条件的第一个节点后添加节点

8. 删除满足条件的节点

首先遍历双向链表，找到目标节点，然后直接操作即可。与添加节点类似，需要注意指针的操作顺序。以下是一种实现方法，操作示意如图 2-12 所示。

Java:

```
void deleteByData(String s){
        DulNode p = head ;
        while(p!=null && !p.data.equals(s)){
            p = p.next ;
        }
        if(p==null){ //未找到目标节点
            return ;
        }
        if(p==head){ //目标节点是头节点
            deleteInHead() ;
            return ;
        }
        p.prior.next = p.next ;
        if(p.next!=null){ //目标节点不是尾节点
            p.next.prior = p.prior ;
        }
        p.prior = null ;
        p.next = null ;
}
```

Python:

```
def deleteByData(self,data):
```

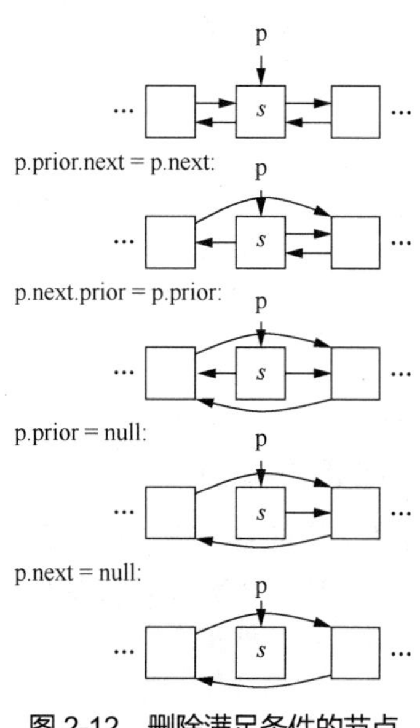

图 2-12　删除满足条件的节点

```
        p = self.head
        while p != None and p.data != data:
            p = p.next
        if p == None:  #未找到目标节点
            return
        if p==self.head: #目标节点是头节点
            self.deleteInHead()
            return
        p.prior.next = p.next
        if p.next!=None: #目标节点不是尾节点
            p.next.prior = p.prior
        p.prior = None
        p.next = None
```

2.4 线性表特点与比较

2.4

在线性表中，顺序表与链表各有特点。在链表中，单向链表与双向链表的特点也有所区别。

2.4.1 线性表的特点

线性表的特点如下。

均匀性：虽然不同线性表的数据元素可以是各种各样的，但对于同一线性表，其各数据元素必定具有相同的数据类型和长度。

有序性：各数据元素在线性表中的位置只取决于它们的序号，数据元素之间的相对位置是线性的，即存在唯一的首元素和尾元素。除了首元素和尾元素，其他元素都只有一个直接前驱元素和一个直接后继元素。

2.4.2 顺序表与链表的比较

从时间角度比较，在按位置查找数据的前趋元素和后继元素方面，顺序表有较大优势；在插入数据、删除数据时，链表有较大的优势。

从空间角度比较，顺序表的存储空间是静态分配的，在程序执行之前必须规定其存储规模；链表的存储空间是动态分配的，只要内存空间有空闲，就不会产生溢出。

1. 顺序表

顺序表的优点与缺点如下。

优点：存取速度快，通过下标来直接存储。

缺点：插入和删除比较慢，不可以增加长度。

2. 链表

链表的优点与缺点如下。

优点：插入和删除速度快，保留原有的物理顺序。比如插入或者删除一个元素时，只需要改变指针指向即可。

缺点：查找速度慢，因为查找时需要遍历链表。

2.4.3 单向链表与双向链表的比较

单向链表只有一个指向下一节点的指针，双向链表除了有一个指向下一节点的指针外，还有一个指向前一节点的指针。单向链表只能向后一个节点访问，双向链表可以通过 prior 指针快速找到前一节点。

1. 单向链表

单向链表的优点与缺点如下。

优点：增加或删除节点操作简单，遍历的时候不会死循环。

缺点：只能从前向后遍历，只能找到后继节点，无法找到前驱节点，操作不够灵活。

2. 双向链表

双向链表的优点与缺点如下。

优点：可以找到前驱节点和后继节点，操作灵活。

缺点：增加或删除节点时需要操作的指针较多，比较复杂。需要多分配一个指针存储空间，这点曾经是比较明显的缺点，但在现在的程序设计中几乎可以忽略。

2.5

2.5 线性表的应用

本节讲解线性表的 3 种应用。多项式的合并应用于简单的数学问题，稀疏矩阵的表示是线性代数在计算机中常见的处理方式，约瑟夫问题则是计算机编程算法中使用线性表的经典问题。

2.5.1 多项式的合并

【例 2-2】设 $A(x)=5+x+3x^2-7x^5+2x^7$，$B(x)=3+x^2+7x^5+4x^8+x^9$，$C(x)=A(x)+B(x)$。求 $C(x)$的表达式。

对于多项式，可以用线性表表示，线性表的每一项都可以看成数据元素。多项式的合并分别用顺序表和链表实现。

方法一：用顺序表实现。用数组（列表）表示多项式，每一个元素有两个部分，一个是系数，一个是指数。$A(x)$和 $B(x)$的状态如图 2-13 所示。

$A(x)$

5	0
1	1
3	2
−7	5
2	7

$B(x)$

3	0
1	2
7	5
4	8
1	9

图 2-13　多项式合并的顺序表初始状态

合并过程：分别用两个数值维护两个顺序表的下标，比较它们的指数。若指数相同，进行合并，合并后的元素存入 $C(x)$数组；若指数不同，将指数较小的项存入 $C(x)$。当一个数组合并完成后，将另一个数组的剩余项直接存入 $C(x)$。合并过程如图 2-14 所示。

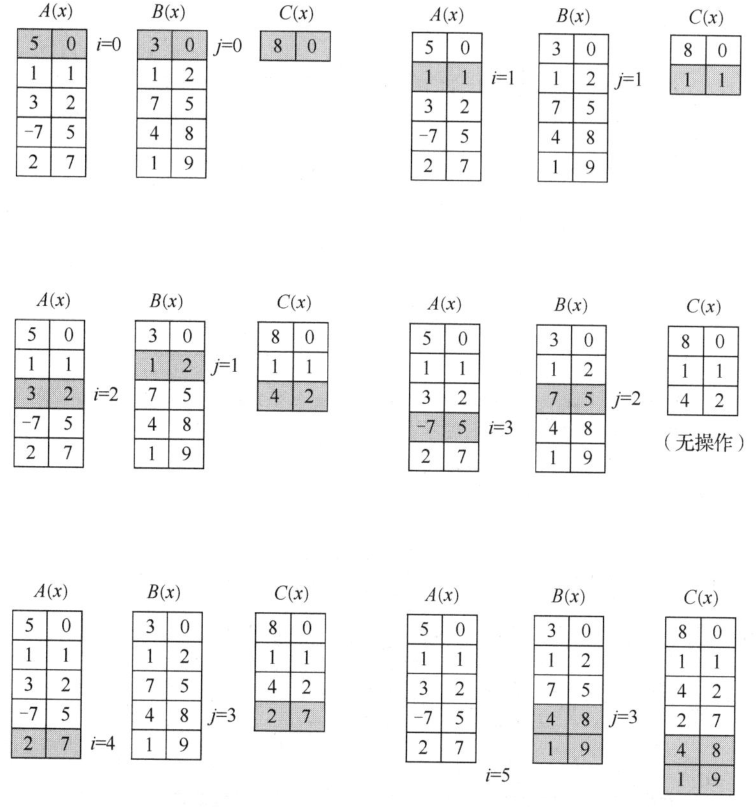

图 2-14 多项式合并的顺序表实现过程

方法二：用链表实现。用单向链表表示多项式，每一个节点的数据域有两个部分，一个是系数，一个是指数。$A(x)$ 和 $B(x)$ 的状态如图 2-15 所示。

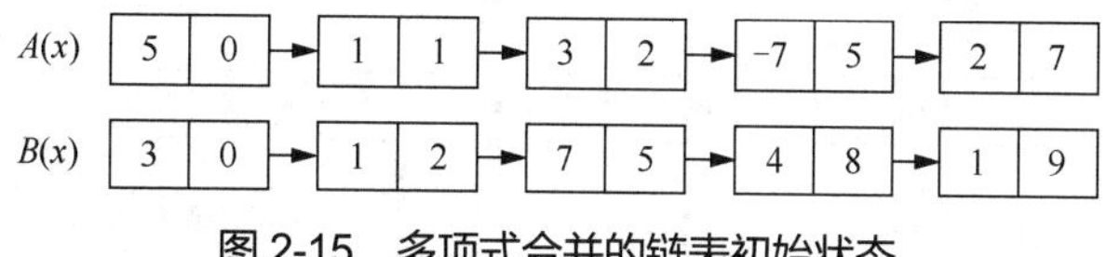

图 2-15 多项式合并的链表初始状态

合并过程：分别用两个可移动指针维护两个链表，比较它们的指数。若指数相同，进行合并，合并后的节点存入 $C(x)$；若指数不同，将指数较小的节点复制并存入 $C(x)$。当一个链表合并完成后，将另一个链表的剩余项直接复制进 $C(x)$。注意：为了不影响原链表，这里用的方法是复制节点。合并过程如图 2-16 所示。

多项式的合并可以用在数学上，类似的方法也可以用在归并排序的实现上，归并排序将在第 7 章中介绍。

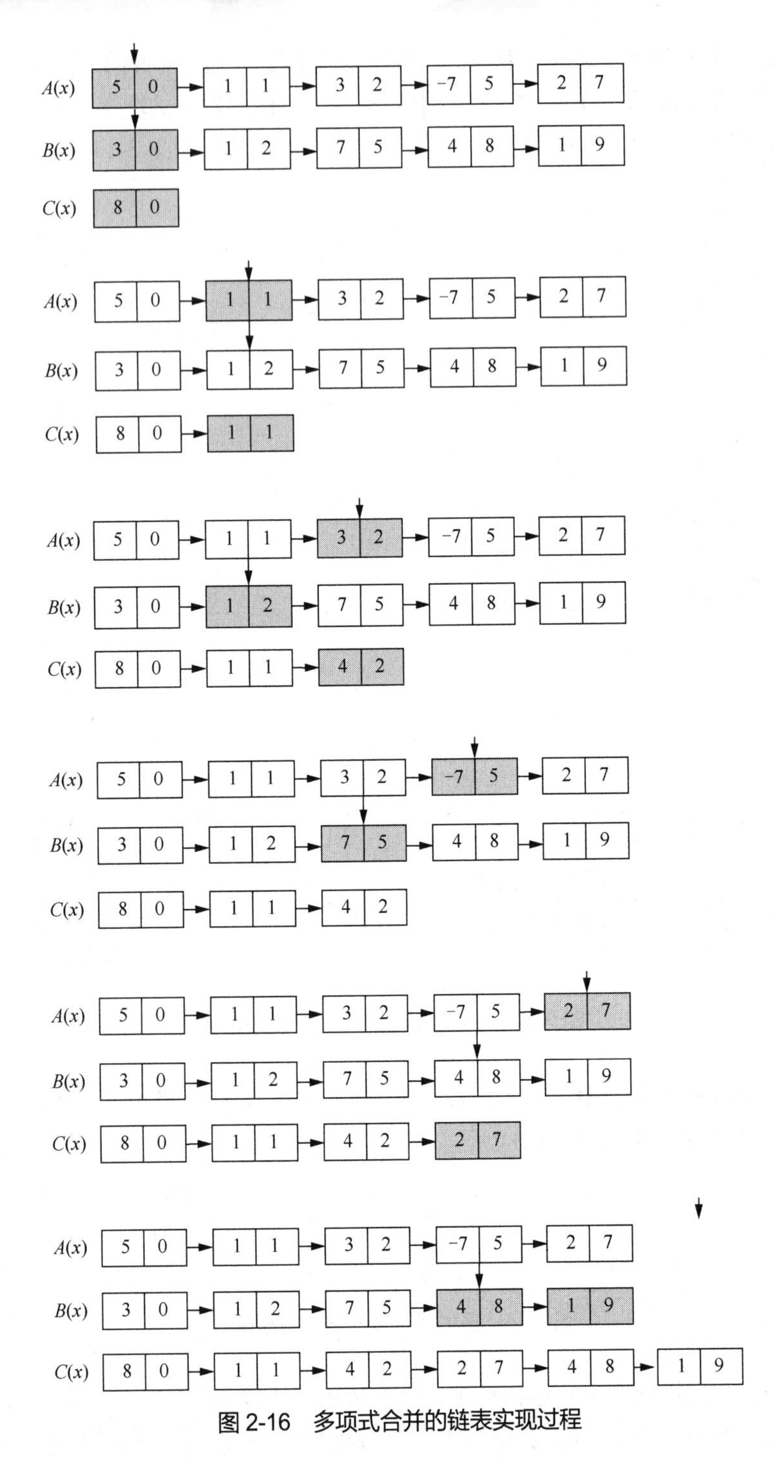

图 2-16　多项式合并的链表实现过程

2.5.2　稀疏矩阵的表示

因为很多数据具有一定的稀疏性，矩阵中非零元素的个数远远小于矩阵元素的总数，即大部分数据为零，并且非零元素的分布没有规律，则该矩阵为稀疏矩阵。稀疏矩阵在实际应用中经常会遇到。通常用二维数组（列表）表示矩阵，数组中会出现大量的零，在存储空间上存在着巨大的浪费。可以使用线性表存储非零元素，这样存储空间将得到有效的优化。

【例 2-3】采用不同的方法表示以下矩阵。

$$
\begin{bmatrix}
0 & 0 & 1 & 0 & 0 & 0 & 0 \\
0 & 0 & 0 & 0 & 0 & 0 & 0 \\
0 & 0 & 0 & 0 & 0 & 0 & 0 \\
2 & 0 & 0 & 0 & 7 & 0 & 0 \\
0 & 0 & 0 & 0 & 0 & 0 & 0 \\
0 & 0 & 3 & 0 & 5 & 0 & 0 \\
0 & 0 & 0 & 0 & 0 & 0 & 0
\end{bmatrix}
$$

1. 三元组表示法

由于稀疏矩阵中非零元素较少，零元素较多，因此可以采用只存储非零元素的方法来进行压缩存储。又因为非零元素分布没有任何规律，所以在进行压缩存储的时候需要在存储非零元素的值的同时还要存储非零元素在矩阵中的位置，即非零元素所在的行号和列号，也就是在存储某个元素，比如 a_{ij} 的值的同时，还要存储该元素所在的行号 i 和它的列号 j，这样就构成了三元组(i,j,a_{ij})的线性表。

三元组可以采用顺序表表示方法，也可以采用链表表示方法，这样就产生了对稀疏矩阵的不同压缩存储方式。对于本例矩阵，三元组的顺序表和链表表示方法如图 2-17 所示。

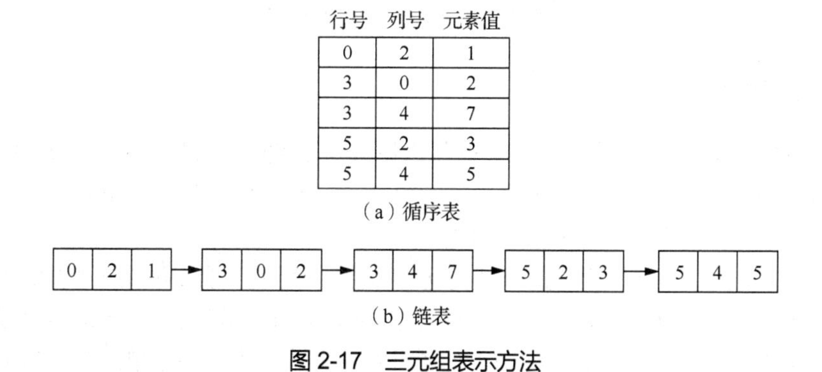

行号	列号	元素值
0	2	1
3	0	2
3	4	7
5	2	3
5	4	5

（a）循序表

（b）链表

图 2-17　三元组表示方法

2. 十字链表表示法

用三元组的结构来表示稀疏矩阵，在某些情况下可以节省存储空间并加快运算速度。但在运算过程中，若稀疏矩阵的非零元素位置发生变化，必将引起数组中元素的频繁移动。同时，如果数组的非零元素个数较多，元素定位的效率就会比较低下。为此，可以采用行列两个方向交叉的十字链表来表示稀疏矩阵。

十字链表是稀疏矩阵的另一种存储结构，它用多重链表来存储稀疏矩阵。

十字链表的每个节点表示一个非零元素，这个节点不仅要存放行号、列号、元素值，还要存放它横向的指向下一个节点的指针以及纵向的指向下一个节点的指针，形成一个类似十字形的链表结构，如图 2-18 所示。

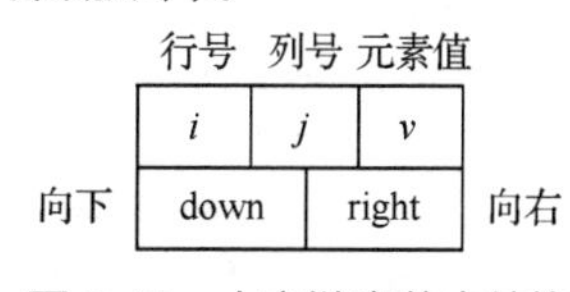

图 2-18　十字链表节点结构

十字链表为稀疏矩阵中的每一行设置单独链表，同时也为每一列设置单独链表。这样，稀疏矩阵中的每个非零元素就同时包含在两个链表中（即所在行和所在列的链表）。这就大大降低了链表的长度，方便了算法中行方向和列方向的搜索，也大大降低了算法的时间复杂度。

同一行的非零元素通过 right 域连接成一个链表，同一列的非零元素通过 down 域连接成一个链表，每一个非零元素既是某个行链表中的节点，同时又是某个列链表中的节点。整个矩阵构成了一个十字交叉的链表，故称为十字链表。

矩阵中的各行各列都各用一个链表存储，与此同时，所有行链表的表头存储到一个数组中，所有列链表的表头存储到另一个数组中。

十字链表适用于操作过程中非零元素的个数变化频繁及元素位置变动频繁的稀疏矩阵。

本例的稀疏矩阵十字链表结构如图 2-19 所示。

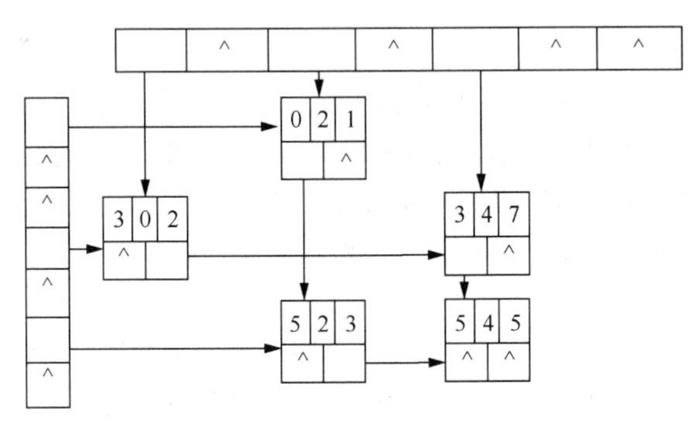

图 2-19 稀疏矩阵十字链表结构

2.5.3 约瑟夫问题

【例 2-4】约瑟夫和一个朋友及另外 39 个人围成一个圆圈，从第一个人开始报数，数到 3 的那个人退出圈子。然后下一个人从 1 开始重新报数，最后圈子里只剩下两个人，就是约瑟夫和他朋友。问约瑟夫和朋友站在什么位置?

将 41 个人围成一个圈，所以这个结构也应该是一个圈。可以将单向链表的尾部的 next 指针指向链表的头部，从而形成一个环。这种结构被称为循环链表。循环链表是另一种形式的链式存储结构，它的特点是表中尾节点的指针域指向头节点，整个单向链表形成一个单向的环。约瑟夫问题示意图如图 2-20 所示。

本例的解决方法分两步：①初始化环，建立一个链表，将链表的尾节点连接到头部；②在模拟报数过程将节点一个一个移出环，记录顺序。

初始化环的实现方法如下：

Java:

```
JosephCircle(int n){
    head = new SinNode("1") ;
    SinNode p = head ;
    for(int i=2 ; i<=n ; i++){ //建立链表
        SinNode node = new SinNode(i+"") ;
        p.next = node ;
        p = p.next ;
    }
    p.next = head ; //形成环
}
```

Python:

```
def initRing(self,num):
    self.head = Node(1)
    p = self.head
    i = 2
    while i<=num : #建立链表
        p.next = Node(i)
        i += 1
        p = p.next
    p.next = self.head #形成环
```

模拟报数用循环链表过程的实现方法如下：

Java：

```java
void remove(){
     SinNode p = head ;
     while(p.next!=p){
          p = p.next ;
          System.out.print(p.next.data+" ");
          SinNode q = p.next ;
          p.next = p.next.next ;
          q.next = null ;
          p = p.next ;
     }
     System.out.print(p.data+" ");
}
```

Python：

```python
def remove(self,Num):
     count = 0
     p = self.head
     while count<Num :
          p = p.next
          p.next = p.next.next
          p = p.next
          count += 1
     self.head = p
```

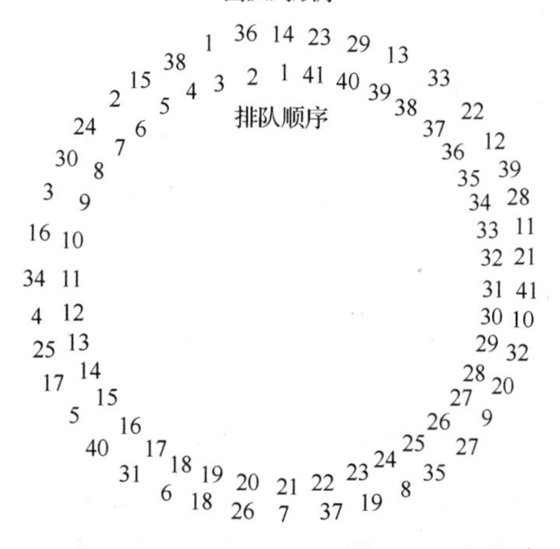

图 2-20　约瑟夫问题

循环链表的特点是无须增加存储量，仅对表的连接方式稍作改变，即可使得表处理更加方便灵活。

循环链表中没有空指针。涉及遍历操作时，其终止条件就不再像非循环链表那样判别 p 或 p->next 是否为空，而是判别它们是否等于某一指定指针，如头指针或尾指针等。

在单向链表中，从一已知节点出发，只能访问到该节点及其后继节点，无法找到该节点之前的其他节点。而在单循环链表中，从任意节点出发都可访问到表中所有节点，这一优点使某些运算在单循环链表上易于实现。

本例的实现方法有很多种，感兴趣的同学可以去探索效率更高的解决方法。

约瑟夫问题的解决方法可以运用在其他不同的应用场景中，比如随机分组。随机分组的思路有很多，循环链表只是一个解决问题的思路。例如一个班有 41 个学生，可以将它们构成一个循环链表，每次移动的步数可以在 1 到剩余人数之间取随机数，这样就可以得到随机的学生序列，然后按顺序分组即可。

本章小结

本章介绍了线性表的概念和线性表的两种存储结构：顺序存储结构和链式存储结构。在顺序表中主要介绍了顺序表的概念和相关操作，在链表中主要介绍了单向链表和双向链表的操作实现。接下来总结了线性表的特点，并对采用两种存储结构的表进行了比较，还对链表中的单向链表和双向链表的操作进行了比较，最后介绍了线性表的 3 种应用。

本章习题

1. 【单选题】线性表 $L=(a_1,a_2,\cdots,a_n)$，下列说法正确的是（　　）。
   A. 每个元素都有一个直接前驱元素和一个直接后继元素
   B. 线性表中至少要有一个元素
   C. 表中诸元素的排列顺序必须是由小到大或由大到小
   D. 除第一个和最后一个元素外，其余每个元素都有一个且仅有一个直接前驱元素和直接后继元素

2. 【单选题】在以下的叙述中，正确的是（　　）。
   A. 线性表的顺序存储结构优于链式存储结构
   B. 线性表的顺序存储结构适用于频繁插入或删除数据元素的情况
   C. 线性表的链式存储结构适用于频繁插入或删除数据元素的情况
   D. 线性表的链式存储结构优于顺序存储结构

3. 【单选题】线性表采用链式存储结构时，节点的存储地址（　　）。
   A. 必须是连续的　　　　B. 必须是不连续的
   C. 连续与否均可　　　　D. 和头节点的存储地址相连续

4. 【单选题】在一个长度为 n 的顺序表的表头插入一个新元素的时间复杂度为（　　）。
   A. $O(n)$　　B. $O(1)$　　C. $O(n^2)$　　D. $O(\log_2 n)$

5. 【单选题】在 n 个节点的顺序表中，算法的时间复杂度是 $O(1)$ 的操作是（　　）。
   A. 访问第 i 个节点（$1\leqslant i\leqslant n$）
   B. 在第 i 个节点后插入一个新节点（$1\leqslant i\leqslant n$）
   C. 删除第 i 个节点（$1\leqslant i\leqslant n$）
   D. 将 n 个节点从小到大排序

6. 【判断题】顺序表可以按下标随机（或直接）访问，顺序表还可以从某一指定元素开始，向前或向后逐个元素按顺序访问。（　　）

7. 【判断题】链表的删除算法很简单，因为当删除链表中某个节点后，计算机会自动地将后续的各个节点向前移动。（　　）

8. 【判断题】线性表的每个节点只能是简单类型，而链表的每个节点可以是复杂类型。（　　）

第3章　栈和队列

栈和队列是广泛使用的两种数据结构，它们的逻辑结构和线性表的相同，它们的基本操作与线性表的十分类似，可以看成线性表运算的子集。其特点在于操作受到了限制：栈按“后进先出”的规则进行操作，队列按“先进先出”的规则进行操作，故称它们是操作受限的线性表。

3.1　栈

3.1

本节主要介绍栈的定义、存储结构以及应用案例等。

3.1.1　栈的定义与基本操作

1. 栈的定义

栈（Stack）是一种仅允许在一端进行插入和删除操作的线性表。栈中允许进行插入和删除操作的一端，被称为栈顶（top）；栈中不允许进行插入和删除操作的一端，被称为栈底（bottom）。处于栈顶位置的称为栈顶元素。在一个栈中插入新元素，即把新元素放到当前栈顶元素的上面，使其成为新的栈顶元素，这一操作称为进栈、入栈或压栈（push）。从一个栈中删除一个元素，即把栈顶元素删除，使其下面的元素成为新的栈顶元素，称为出栈或退栈（pop）。在图 3-1 中，在栈 $s=(a_1,a_2,a_3,a_4)$中，a_1 称为栈底元素，a_4 称为栈顶元素。

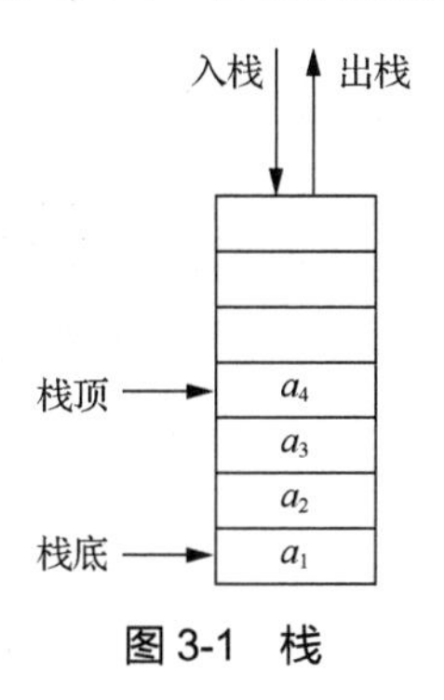

图 3-1　栈

由于栈的插入与删除操作只能在栈顶进行，因此最后入栈的数据元素，总是最先出栈；而最先入栈的数据元素，必然最后出栈。这种按照后进先出（Last In First Out，LIFO）的原则组织的线性表，也被称为后进先出的线性表。

2. 栈的基本操作

定义在栈上的基本操作如下。

（1）initStack(s)：构造一个空栈 s。

（2）clearStack(s)：清除 s 中的所有元素。

（3）isEmpty(s)：判断 s 是否为空，若为空，则返回 true，否则返回 false。

（4）getTop(s)：返回 s 的栈顶元素，但不移动栈顶指针。

（5）push(s,e)：插入元素 e 作为新的栈顶元素（入栈操作）。

（6）pop(s)：删除 s 的栈顶元素并返回其值（出栈操作）。

3. 栈的抽象数据类型

```
ADT Stack{
数据对象：D={ai|ai∈Element,i=1,2,3,…,n,n≥0}
数据关系：R={<ai-1, ai>|ai-1, ai∈D,i=2,3,…,n}
基本操作：
initStack (s)
操作结果：构造了一个新的空栈 s。
clearStack(s)
初始条件：栈 s 已经存在。
操作结果：清除栈 s 中的所有元素。
isEmpty(s)
初始条件：栈 s 已经存在。
操作结果：如果栈 s 为空则返回 true，否则返回 false。
getTop(s)
初始条件：栈 s 已经存在且非空。
操作结果：返回栈顶元素，但不移动栈顶指针。
push(s,e)
初始条件：栈 s 已经存在。
操作结果：在栈 s 的栈顶插入一个元素 e，使 e 成为新的栈顶元素。
pop(s)
初始条件：栈 s 已经存在且非空。
操作结果：删除 s 的栈顶元素。
}
```

由于栈是操作受限的线性表，因此线性表的存储结构对栈也同样适用。与线性表相似，栈也有两种存储结构，即顺序存储结构和链式存储结构。采用顺序存储结构的栈称为顺序栈，采用链式存储结构的栈称为链栈。

3.1.2 栈的顺序存储结构与实现

1. 顺序栈

用顺序存储结构实现的栈称之为顺序栈，顺序栈利用一组地址连续的存储单元依次存放从栈底到栈顶的数据元素。用一维数组描述顺序栈中数据元素的存储区域，并预设一个数组的最大空间 MAXSIZE。栈底设置在下标 0 端，栈顶随着插入和删除元素而变化，即入栈的动作使地址向上增长（称为向上增长的栈），Java 中，可用一个整型变量 top 来指示栈顶的位置。当 top =−1 时，此时栈空；当 top =MAXSIZE 时，此时栈满。在非栈空和非栈满的情况下，入栈时，栈顶指针加 1；出栈时，栈顶指针减 1。Python 中，由于列表下标−1 有意义，所以可以直接使用列表长度作为判断依据。图 3-2 所示为顺序栈的几种状态及 top 指针的情况。

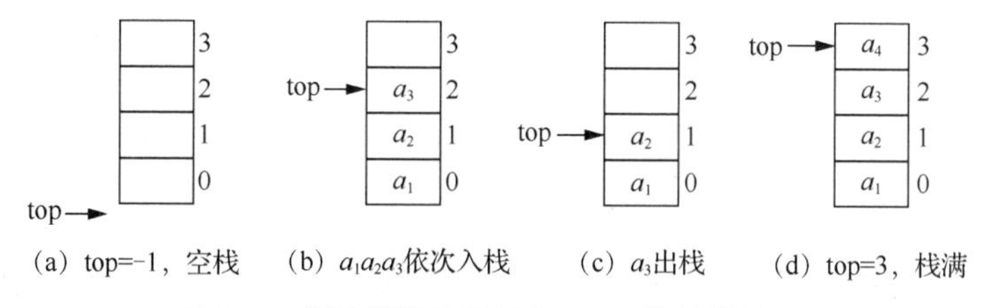

图 3-2　顺序栈的几种状态及 top 指针的情况

2. 顺序栈的实现

（1）栈的初始化。

顺序栈的初始化就是初始化一个数组/列表，在 Java 中需要将栈顶位置 top 置为−1，示例中用 String 作为数据元素的数据域。在 Python 中可以通过列表长度判断栈顶位置，不需要声明数据域的数据类型。算法实现如下：

Java：

```java
Int MAXSIZE = 5 ;
ArrayStack(){
    stack = new String[MAXSIZE] ;
    top = -1 ;
}
```

Python：

```python
def __init__(self):
    self.stack = []
    self.MAXSIZE = 5
```

（2）判断栈空。

顺序栈的判空操作，即在 Java 中判断 top 是否等于−1，在 Python 中判断列表长度是否等于 0。算法实现如下：

Java：

```java
boolean isEmpty(){
    return top==-1 ;
}
```

Python：

```python
def isEmpty(self):
    return len(self.stack)==0
```

（3）判断栈满。

顺序栈的判满操作，即在 Java 中判断 top 是否等于 MAXSIZE−1，在 Python 中判断列表长度是否等于 MAXSIZE。算法实现如下：

Java：

```java
boolean isFull(){
    return top==MAXSIZE-1 ;
}
```

Python：

```python
def idFull(self):
    return len(self.stack)==self.MAXSIZE
```

（4）入栈操作。

在顺序栈中插入元素，即在 Java 中将栈顶位置 top 加 1，然后在 top 的位置填入元素。

在 Python 中直接使用列表的 append()方法。在入栈操作中如遇栈满，不得入栈。算法实现如下：

Java:

```java
void push(String s){
    if(!isFull()){
        stack[top+1] = s ;
        top ++ ;
    }
}
```

Python:

```python
def push(self,data):
    if not self.isFull():
        self.stack.append(data)
```

（5）出栈操作。

出栈操作，即在 Java 中取出栈顶元素，然后将栈顶位置 top 减 1，函数 pop()的返回值为出栈的数据元素。在 Python 中直接使用列表的 pop()方法，在出栈操作中需要进行栈空异常判断。算法实现如下：

Java:

```java
String pop(){
    if(isEmpty()){
        return null ;
}
    String result = stack[top] ;
    stack[top] = null ;
    top -- ;
    return result ;
}
```

Python:

```python
def pop(self):
    if self.isEmpty():
        return None
    return self.stack.pop()
```

（6）取栈顶元素。

取栈顶元素即将 top 位置的栈顶元素取出，并不修改栈顶位置。在取栈顶元素操作中，需要进行栈空异常判断。在 Java 中先检查是否为空，若为空则返回 null，否则返回 top 位置的元素。Python 代码中，使用了 Python 切片语法来获取栈顶元素，即使用[-1]来获取最后一个元素，若为空则返回 None。算法实现如下：

Java:

```java
String getTop() {
    if(isEmpty()) {
        return null;
    }
    return stack[top];
}
```

Python:

```python
def getTop(self):
    if self.isEmpty():
        return None
    return self.stack[-1]
```

（7）清空栈。

清空操作，可以将数组/列表重新初始化，或者依次清除栈中所有元素。Java 代码和 Python 代码都调用 pop()函数来移除栈顶元素。算法实现如下：

Java:

```java
void clear(){
    while(!isEmpty()){
        pop();
    }
}
```

Python:

```python
def clear(self):
    while not self.isEmpty():
        self.pop()
```

3. 共享栈

顺序栈使用起来比较简单，但是必须预先给它分配一个存储空间。为了使栈不溢出，通常会分配一个较大的存储空间，大多数时候都会造成存储空间的浪费。如果程序中同时使用两个栈，可以使用共享栈提高存储空间的使用效率。

共享栈是将两个栈的栈底设在一维数组空间的两端，让两个栈各自向中间延伸，仅当两个栈的栈顶相遇时才可能发生上溢，如图 3-3 所示。这样当一个栈里的元素较多，超过数组空间的一半时，只要另一个栈的元素不多，前者就可以占用后者的部分存储空间。所以，当两个栈共享一个长度为 MAXSIZE 的数组空间时，每个栈实际可利用的最大存储空间大于 MAXSIZE /2。

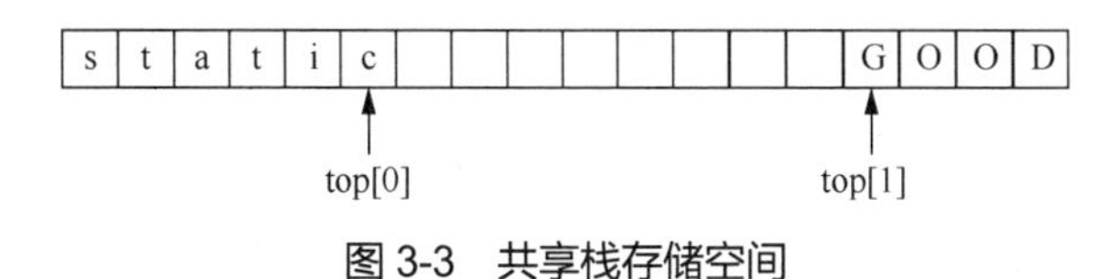

图 3-3　共享栈存储空间

上述结构的类型描述如下。

在共享栈中，栈 1 的顶由 top[0]指示，top[0]=−1 表示栈 1 为空。栈 2 的顶由 top[1]指示，top[l]= MAXSIZE 表示栈 2 空。top[0]+1=top[1]表示栈满。

3.1.3　栈的链式存储结构与实现

由顺序栈的存储结构可知，顺序栈的最大缺点是：为了保证不溢出，必须事先给栈分配一个较大的存储空间。这显然浪费了存储空间，而且在很多时候并不能保证所分配的存储空间一定够用，这大大降低了顺序栈的可用性，这时就要采用链式存储结构。

1. 链栈的存储结构

栈的链式存储结构，简称链栈（Linked Stack），它的组织形式与单向链表的类似，链表的尾节点是栈底，链表的头节点是栈顶。由于只在链表的头部进行插入、删除等操作，故链栈的头指针用 top 表示即可。如图 3-4 所示，其中，单向链表的头指针 top 作为栈顶指针。链栈由栈顶指针 top 唯一确定，栈底节点的 next 域为空。

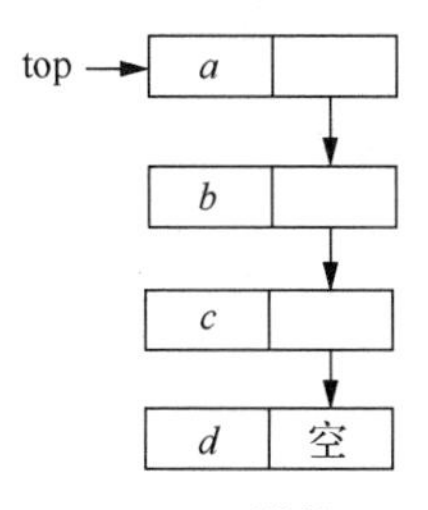

图 3-4　链栈

2. 链栈的实现

（1）链栈的初始化与判断栈空。

链栈的节点可以直接使用单向链表的节点表示。链栈的初始化只需定义头指针 top 为空。判断栈空其实就是查看 top 的状态，具体方法不赘述。

（2）入栈操作。

在链栈中插入元素 element 节点只需要在原来栈顶位置采用头插法。其操作示意图如图 3-5 所示。

Java 代码 3-2

Python 代码 3-2

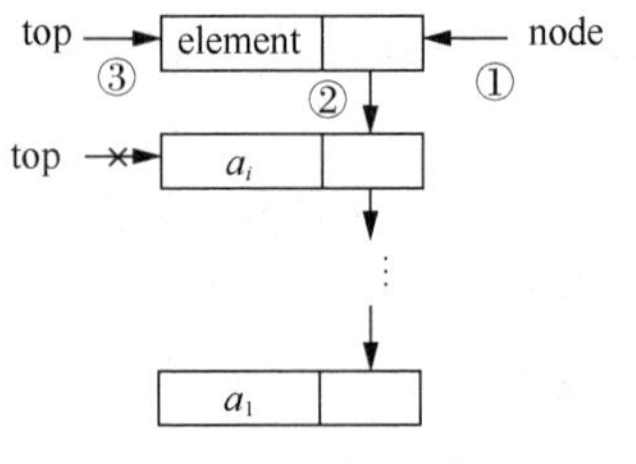

图 3-5　入栈操作

算法实现如下：

Java：
```java
void push(SinNode node){
    node.next = top ;
    top = node ;
}
```

Python：
```python
def push(self,node:Node):
    node.next = self.top
    self.top = node
```

（3）出栈操作。

出栈操作只需要处理栈顶，其操作示意图如图 3-6 所示。

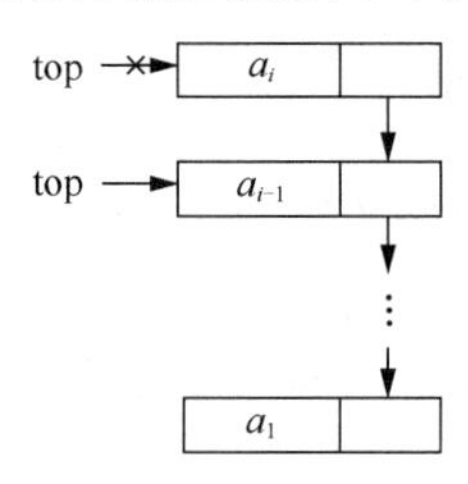

图 3-6　出栈的操作

函数 pop()的返回值为出栈的数据元素。在出栈操作中需要进行栈空异常判断。算法实现如下：

Java：
```java
SinNode pop(){
    if(isEmpty()){
        return null ;
    }
    SinNode result = top ;
    top = top.next ;
    result.next = null ;
    return result ;
}
```

Python：
```python
def pop(self):
    if self.isEmpty():
        return None
    p = self.top
    self.top = self.top.next
    p.next = None
    return p
```

（4）取栈顶元素。

取栈顶元素只是将 top 位置的节点的元素取出。在取栈顶元素操作中需要进行栈空异常判断。

（5）清空链栈。

清空链栈操作可以重置 top 指针，也可以依次删除栈中所有元素。

```
Java:
void clear(){
    while(!isEmpty()){
        pop();
    }
}
```

```
Python:
def clear(self):
    while not self.isEmpty():
        self.pop()
```

3.1.4 顺序栈和链栈的比较

顺序栈和链栈的基本算法的时间复杂度均为 $O(1)$，因此唯一可以比较的是空间复杂度。初始时顺序栈必须确定一个固定的长度，所以存在存储元素个数的限制和浪费存储空间的问题。链栈没有栈满的问题，只有当内存没有可用存储空间时才会出现栈满，但是每个元素都需要一个引用域，从而产生了结构性开销。所以，当栈的使用过程中元素个数变化较大时，应该采用链栈，反之应该采用顺序栈。

3.1.5 栈的应用案例

【例 3-1】十进制数转换成二进制数。

十进制数转换成二进制数的方法如下：用初始十进制数除以 2，把余数记录下来，若商不为 0，再用商除以 2，直到商为 0，这时把所有的余数按出现顺序的逆序排列（先出现的余数排在后面，后出现的余数排在前面）就得到了相应的二进制数。由于需要逆序排列，我们可以用一个栈来保存所有的余数，当商为 0 时则让栈里的所有余数出栈，这样就可以得到正确的二进制数。

java.util 包中提供了 Stack 类，它实现了栈的数据结构。我们可以直接使用 Stack 类，无须自己实现栈。但是，Stack 类只能存储 Object 类型的元素，不能直接存储 int 等基本类型的元素。我们可以使用其包装类，如 Integer 等。上述算法可描述如下：

```
Java:
import java.util.Stack;
...

    void decimalToBinary(int n){
        Stack<Integer> s=new Stack<Integer>();
        if(n<0) {
            System.out.print("\n Data error");
            return ;
        }
        if(n==0){
            s.push(Integer.valueOf(0));
        }
        while(n!=0){
            s.push(n%2);
            n = n/2;
        }
        System.out.print("\n Result: ");
        while(!s.isEmpty()){
            System.out.print(s.pop().toString());
        }
    }
```

Python 中，由于列表功能十分强大，稍加处理即可实现栈的功能。使用 3.1.2 节已经实现的方法，上述的算法可描述如下：

```
Python:
import arrayStack as Stack
...
    def dToB(self,n:int):
        s = Stack.ArrayStack()
        if n<0:
            print("\n Data error")
            return
        if n==0:
            print("Data error")
            return
        while (n != 0):
            s.push(int(n%2))
            n = int(n/2)
        print("Result: ",end="");
        while (not s.isEmpty()):
            print(s.pop(),end='');
```

【例 3-2】表达式求值。

表达式求值是编译程序的一个基本问题。表达式是由运算对象、运算符、括号等组成的有意义的式子。假设运算符有()、*、/、+、-、#，其中#为表达式的定界符。

设定运算规则如下。

（1）优先级为()高于*和/高于+和-高于#。

（2）有括号出现时先算括号内的，后算括号外的，多层括号由内向外进行计算。

例如：表达式 2+3*(4+5-3)/2-1，作为一个满足表达式语法规则的串进行存储。

在求值过程中需要保存优先级较低的运算符以及没有参与计算的运算对象，这需要两个栈来辅助完成：运算对象栈 OPND 和运算符栈 OPTR。

对表达式求值时，自左向右扫描表达式的每一个字符。若当前字符是运算对象，直接进入运算对象栈。若当前字符是运算符，则根据运算符的优先级来确定计算顺序：即如果这个运算符比栈顶运算符高则入栈，继续向后处理；如果这个运算符比栈顶运算符低，则从对象栈出栈两个运算量（仅针对双目运算符），从运算符栈出栈一个运算符进行运算，并使其运算结果入运算对象栈，继续处理当前字符，直到遇到结束符。

根据运算规则，左括号“(”在栈外时它的级别最高，而进栈后它的级别最低，所以，它的栈外级别高于栈内级别。当遇到右括号“)”时，一直需要对运算符栈出栈，并且做相应的运算，直到遇到栈顶为左括号“(”时，将其出栈，因此右括号“)”级别最低但它是不入栈的。对象栈初始化为空，为了使表达式中的第一个运算符入栈，运算符栈中预设一个最低级的运算符#。根据以上分析，每个运算符在栈内、栈外的级别如表 3-1 所示。

表 3-1　运算符在栈内、栈外的级别

运算符	栈内级别	栈外级别
*、/	2	2
+、-	1	1

续表

运算符	栈内级别	栈外级别
(	0	3
)	−1	−1
#	−1	−1

表达式 2+3*(4+5−3)/2−1 的求值过程如表 3-2 所示。首先在式子首尾各加一个特殊符号，表示开始与结束，本例用#表示，表达式为：#2+3*(4+5−3)/2−1#。

表 3-2　表达式的求值过程

当前字符	运算对象栈（OPND）	运算符栈（OPTR）	说明
		#	初始化，“#”入栈 OPTR
2	2	#	2 入栈 OPND
+	2	#、+	“+”的优先级高于“#”，“+”入栈 OPTR
3	2、3	#、+	3 入栈 OPND
*	2、3	#、+、*	“*”的优先级高于“+”，“*”入栈 OPTR
(	2、3	#、+、*、(	“(”直接入栈 OPTR
4	2、3、4	#、+、*、(	4 入栈 OPND
+	2、3、4	#、+、*、(、+	“+”的优先级高于“(”，“+”入栈 OPTR
5	2、3、4、5	#、+、*、(、+	5 入栈 OPND
−	2、3、9	#、+、*、(	“−”与“+”同级，5 和 4 出栈，“+”出栈，执行“+”运算并将结果 9 入栈 OPND
−	2、3、9	#、+、*、(、−	“−”的优先级高于“(”，“−”入栈 OPTR
3	2、3、9、3	#、+、*、(、−	3 入栈 OPND
)	2、3、6	#、+、*,(	“)”的优先级低于“−”，3 和 9 出栈，“−”出栈，执行“−”运算并将结果 6 入栈 OPND
)	2、3、6	#、+、*	“(”与“)”同级，括号匹配，“(”出栈
/	2、18	#、+	“/”与“*”同级，6 和 3 出栈，“*”出栈，执行“*”运算并将结果 18 入栈 OPND
/	2、18	#、+、/	“/”的优先级高于“+”，“/”入栈 OPTR
2	2、18、2	#、+、/	2 入栈 OPND
−	2、9	#、+	“−”的优先级低于“/”，2 和 18 出栈，“/”出栈，执行“/”运算并将结果 9 入栈 OPND
−	11	#	“−”与“+”同级，9 和 2 出栈，“+”出栈，执行“+”运算并将结果 11 入栈 OPND
−	11	#、−	“−”的优先级高于“#”，“−”入栈 OPTR
1	11、1	#、−	1 入栈 OPND
#	10	#	“#”的优先级低于“−”，1 和 11 出栈，“−”出栈，执行“−”运算并将结果 10 入栈 OPND
#		#	“#”遇到“#”，求值结束，栈 OPND 的栈顶元素为运算结果

3.2 队列

3.2

本节主要介绍队列的定义、基本操作、存储结构以及应用案例等。

3.2.1 队列的定义与基本操作

1. 队列的定义

栈是一种后进先出的数据结构，而在实际应用中还经常使用一种先进先出（First In First Out，FIFO）的数据结构，称为队列。

队列（queue）是只允许在一端进行插入操作而在另一端进行删除操作的线性表。允许插入（也称入队、进队)的一端称为队尾（rear），允许删除（也称出队）的一端称为队头（front）。不含元素的队列称为空队列。

例如队列 $q=(a_1,a_2,a_3,\cdots,a_n)$，其结构如图 3-7 所示，$a_1$ 是队头元素，a_n 则是队尾元素。队列中的元素按照 $a_1,a_2,a_3,\cdots,a_n$ 的顺序进入，退出队列也只能按照这个顺序依次退出，也就是说，只有在 a_1、a_2 离队后，a_3 才能退出队列，同理 $a_1,a_2,a_3,\cdots,a_{n-1}$ 都离队之后，a_n 才能退出队列。因此，队列的特点是先进先出，队列又称为先进先出的线性表，简称 FIFO 表。

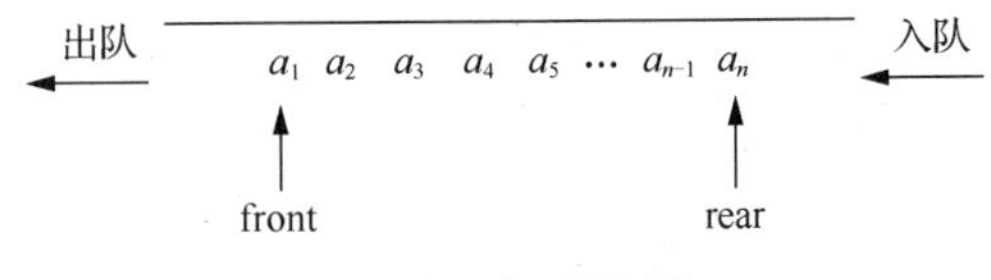

图 3-7 队列的结构

2. 队列的基本操作

队列的基本操作如下。

（1）initQueue(q)：初始化。设置一个空队列 q。

（2）isEmpty(q)：判断队列是否为空。若队列 q 为空，函数值为 true，否则为 false。

（3）size(q)：求队列长度。函数值为队列 q 中当前所含元素的个数。

（4）getHead(q)：读队头元素。若队列 q 不为空，函数值为队头元素，否则为空元素。

（5）enQueue(q,x)：入队。将元素 x 插入队列 q 的尾部，使 x 成为新的队尾元素。

（6）delQueue(q)：出队。若队列 q 不为空，函数值为队头元素，且从队列 q 中删除当前队头元素，否则函数值为空元素。

3. 队列的抽象数据类型

```
ADT Queue{
    数据对象：D={aᵢ|aᵢ∈Element,i=1,2,3,…,n, n≥0}
    数据关系：R={<aᵢ₋₁,aᵢ>|aᵢ₋₁,aᵢ∈D,i=2,3,…,n}
    基本操作：
        initQueue(q)
        操作结果：构造一个新的空队列 q。
```

```
    isEmpty(q)
    初始条件：队列 q 已经存在。
    操作结果：如果队列 q 为空则返回 true，否则返回 false。
    size(q)
    初始条件：队列 q 已经存在。
    操作结果：返回队列的长度。
    getHead(q)
    初始条件：队列 q 已经存在且非空。
    操作结果：返回队列头元素值，但不移动队头指针。
    enQueue(q,x)
    初始条件：队列 q 已经存在且非满。
    操作结果：在队列 q 的队尾插入一个元素 x，使 x 成为新的队尾元素。
    delQueue(q)
    初始条件：队列 q 已经存在且非空。
    操作结果：删除队列 q 的队头元素。
}
```

3.2.2 队列的顺序存储结构与实现

1. 顺序队列

队列的顺序存储结构，简称顺序队列（Sequential Queue）。使用一维数组存放队列元素，分别设置队头指针和队尾指针用于出队操作和入队操作。通常队尾指针指向一维数组中当前队尾元素所在位置，队头指针指向一维数组中队头元素所在位置的前一个位置，如图 3-7 所示。

2. 顺序队列的存储方式

假设队列有 n 个元素，顺序队列把队列的所有元素存储在数组的前 n 个单元。如果把队头元素放在数组中下标为 0 的一端，则入队操作相当于追加，不需要移动元素，其时间复杂度为 $O(1)$；但是出队操作的时间复杂度为 $O(n)$，因为要保证剩下的 $n-1$ 个元素仍然存储在数组的前 $n-1$ 个单元，所有元素都要向前移动一个位置，如图 3-8 所示。

Java 代码 3-3

Python 代码 3-3

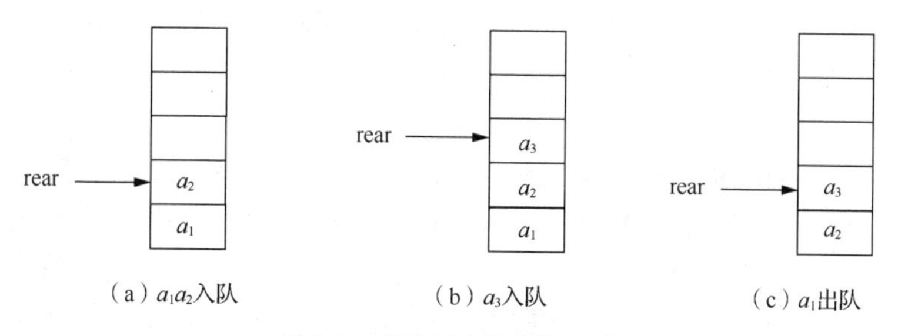

图 3-8 移动元素的存储方式

如果不要求队列元素只存放在数组的前 n 个单元，那么更为有效的存储方法，如图 3-9 所示。此时入队和出队操作的时间复杂度都是 $O(1)$，因为没有移动任何元素，但是队列的队头和队尾都是活动的。所以，需要设置队头指针和队尾指针 front 和 rear，并且约定：front 定位在队头元素的前一个位置，rear 定位在队尾元素的位置。

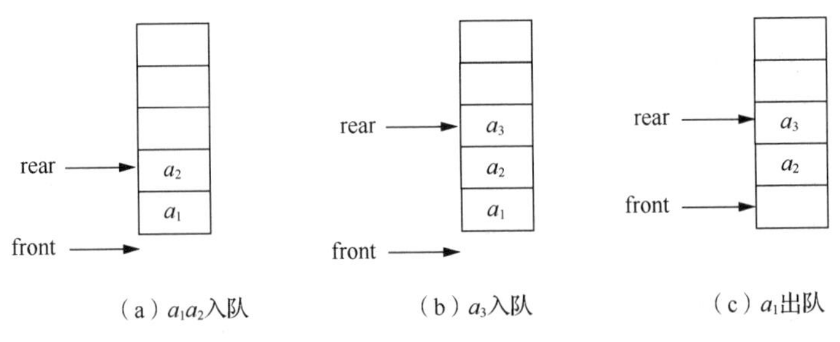

图 3-9 不移动元素的存储方式

3. 循环队列的存储结构

在顺序队列中，采用时间效率较高的不移动元素的存储方式。使用队头指针和队尾指针分别指向队头元素的前一个位置和队尾元素位置。但随着队列插入和删除操作的进行，整个队列中的数据元素将向着数组中下标较大的位置移动，从而产生了队列的"假溢出"现象，即队尾指针指向数组中下标最大的位置，数组空间好像用尽了，但其实数组的底端还有空闲空间。队列假溢出如图 3-10（d）所示。

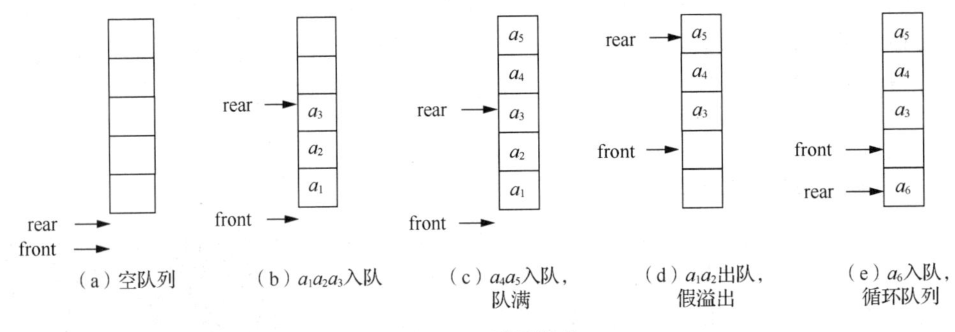

图 3-10 队列操作

解决假溢出的方法是将存储队列的数组看成头尾相接的循环结构，如图 3-11（a）所示，即允许队列直接从数组中下标最大的位置延续到下标最小的位置，如图 3-10（e）所示，a_6 存放在数组开始位置。队列指针循环可以通过取模操作来实现，设存储队列的数组长度为 QUEUE_SIZE，则入队的操作语句为 rear=(rear+1)%QUEUE_SIZE。队列的这种头尾相接的顺序存储结构称为循环队列（Circular Queue）。

在循环队列中，判定队空和队满。图 3-11（a）所示为队空状态，此时队头指针和队尾指针重叠，即 front=rear；而图 3-11（c）所示为队满状态，此时队头指针也和队尾指针重叠，也就是说原来的队空条件 front=rear 已经不能判定此时的队列是空的还是满的。将队空和队满的判定条件区分开的方法如下：解决方案是以空间换时间，浪费一个数组元素空间，把图 3-11（d）所示的情况视为队满，此时队尾位置和队头位置正好差 1，即队满的条件是 (rear+1)% QUEUE_SIZE=front。

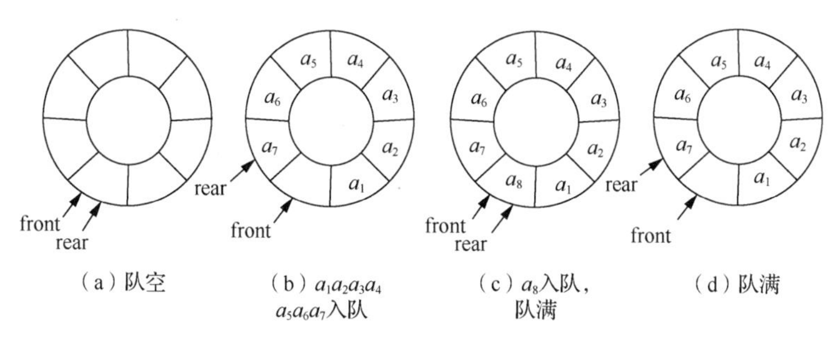

图 3-11　循环队列操作

4. 循环队列的实现

（1）循环队列的初始化。

通过构造函数 SqQueue()实现空循环队列的初始化，生成一个容量为 maxsize 的一维泛型数组 queue，队头指针 front 和队尾指针 rear 同时设置为 0。算法实现如下：

Java:
```java
public SqQueue() {
    queue=(T[])(new Object[maxsize]);
    front=0;
    rear=0;
}
```

Python:
```python
def __init__(self, maxsize):
    self.queue = [None] * maxsize
    self.maxsize = maxsize
    self.front = 0
    self.rear = 0
```

（2）入队操作。

进行循环队列的入队操作首先需要判断是否队列已满，然后使用取模操作确定队尾位置 rear 的值，将待插入元素插入队尾位置即可。算法实现如下：

Java:
```java
void enQueue(T t) {
    if((rear+1)%QUEUE_SIZE==front){
        System.out.println("队列已满，不能入队");
        return;
    }
    rear=(rear+1)%maxsize;
    queue[rear]=t;
}
```

Python:
```python
def enQueue(self, data):
    if (self.rear+1)%self.maxsize==self.front:
        print("队列已满，不能入队")
        return
    self.rear = (self.rear + 1) % self.maxsize
    self.queue[self.rear] = data
```

（3）出队操作。

进行循环队列的出队操作首先判断队列是否为空，然后获取头元素，将位置上的数据清空；接下来将队头位置 front 加 1 后执行取模操作，得到新的队头位置，最后返回原元素。算法实现如下：

```
Java:
T deQueue() {
    if (isEmpty()){
        System.out.println("空队列, 不能出队");
        return null;
    }
    T data = queue[front].clone();
    queue[front] = null;
    front=(front+1) % maxsize;
    return data;
}
```

```
Python:
def deQueue(self):
    if self.isEmpty():
        print("空队列, 不能出队")
        return None
    data = copy.deepcopy(self.queue[self.front])
    self.queue[self.front] = None
    self.front = (self.front + 1) % self.maxsize
    return data
```

（4）读取队头元素操作。

读取队头元素操作与出队操作类似，不改变队头位置，直接返回 queue[front]即可。读取队头元素操作需要进行队空异常判断。算法实现如下：

```
Java:
T getHead() {
    if (isEmpty()){
        System.out.println("空队列");
        return null;
    }
    return queue[front];
}
```

```
Python:
def getHead (self):
    if self.isEmpty():
        print("空队列 ")
        return None
    return self.queue[self.front]
```

（5）判断队空操作。

进行循环队列的判空操作只需要判断 front 是否等于 rear，算法实现如下：

```
Java:
boolean isEmpty(){
    return (front==rear)?true:false;
}
```

```
Python:
def isEmpty(self):
    return True if self.front==self.rear else False
```

（6）求队列长度操作。

在循环队列上实现求队列长度操作。为避免 rear－front<0 的情况，在取模运算时需要让被除数加上 maxsize。

Java：

```java
int size(){
    return((rear - front + maxsize) % maxsize);
}
```

Python：

```python
def size(self):
    return ((self.rear -self.front + self.maxsize) % self.maxsize)
```

3.2.3　队列的链式存储结构与实现

由于采用顺序存储结构的队列存在溢出的情况，因此我们可以考虑使用链式存储结构来实现队列。

1. 链队列

队列的链式存储结构，简称链队列（Linked Queue），它实际上是一个同时带有队头指针和队尾指针的单向链表。为使空链队列与非空链队列的操作一致，链队列附加了头节点，如图 3-12 所示。虽然用队头指针就可以唯一确定这个单向链表，但是插入操作总是在队尾进行，如果没有队尾指针，入队操作的时间复杂度将由 $O(1)$升到 $O(n)$。

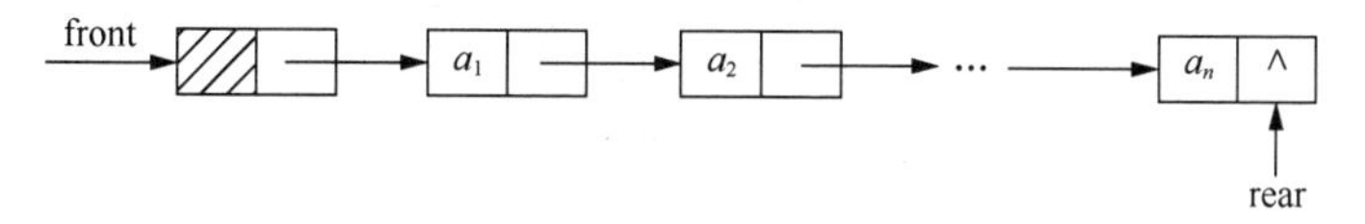

图 3-12　链队列

2. 链队列的实现

（1）链队列的初始化。

使用单向链表实现链队列，通过函数 linkedQueue()实现链队列的初始化。初始化链队列只需定义队头指针和队尾指针均引用头节点，算法不赘述。

（2）入队操作。

链队列的插入操作只考虑在链表的尾部进行。由于链队列带头节点，因此空链队列和非空链队列的插入操作一致，其操作如图 3-13 所示，图中①②表示指针操作的先后顺序，本章后续表示同理。算法实现如下：

Java 代码 3-4

Python 代码 3-4

Java：

```java
void enQueue(String s){
    SinNode n = new SinNode(s) ;
    if(isEmpty()){
        front = n ;
        rear = n ;
    }else{
        rear.next = n ;
```

Python：

```python
def enQueue(self,node:Node):
    if self.isEmpty():
        self. front = node
        self. rear = node
    else:
        self. rear.next = node
        self. rear = node
```

```java
        rear = rear.next ;
    }
}
```

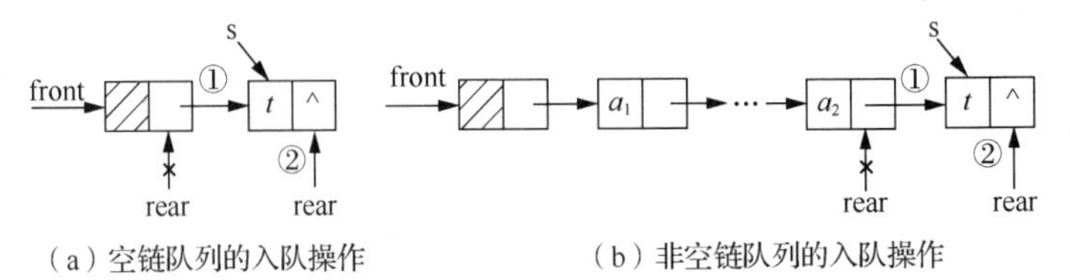

（a）空链队列的入队操作　　（b）非空链队列的入队操作

图 3-13　链队列的入队操作

（3）出队操作。

链队列的删除操作在链表的头部进行，首先判断队列是否为空，不为空时获取节点及节点数据域的值作为返回值，一般情况的操作示意图如图 3-14（b）所示。另外需判断队列长度是否等于 1 的特殊情况，其操作如图 3-14（a）所示。算法实现如下：

Java：

```java
SinNode deQueue (){
    if(isEmpty()){
        return null ;
    }
    SinNode result = front ;
    if(front==rear){
        rear = null ;
    }
    front = front.next ;
    result.next = null ;
    return result ;
}
```

Python：

```python
def deQueue (self):
    if self.isEmpty():
        return None
    p = self. front
    self. front = self. front.next
    if p==self. rear:
        self. rear = None
    p.next = None
    return p
```

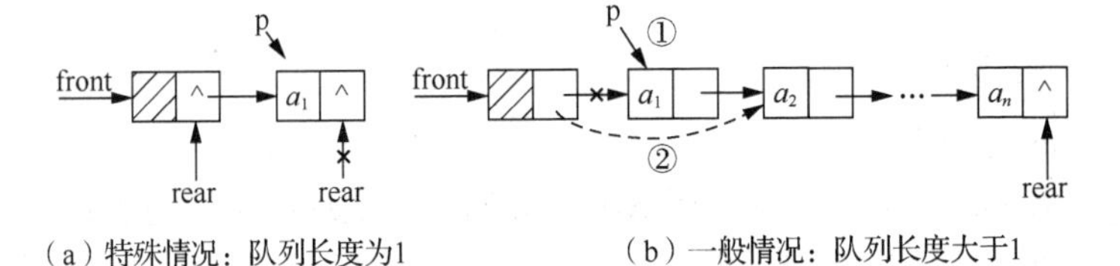

（a）特殊情况：队列长度为1　　（b）一般情况：队列长度大于1

图 3-14　链队列的出队操作

（4）取队头元素。

取链队列的队头元素只需要返回第一个元素节点，即使是空节点也不影响。算法实现如下：

Java：

```java
SinNode getHead(){
    return front ;
}
```

Python：

```python
def getHead(self):
    return self. front
```

（5）判空操作与求队列长度操作。

进行链队列的判空操作只需要判断 front 是否为空。

求队列长度操作可以使用线性表遍历的方法实现，也可以设计一个变量计数，这样就不用每次轮询，在队列长度较长与使用方法频繁时比较合适，具体算法不赘述。

3.2.4　循环队列与链队列的比较

循环队列和链队列基本算法的时间复杂度均为 $O(1)$，因此可以比较的只有空间复杂度。初始时循环队列必须确定一个固定的长度，所以存在存储元素个数的限制和浪费空间的问题。链队列没有溢出的问题，只有当内存没有可用空间时才会溢出，但是每个元素都需要一个引用域，从而产生了结构性开销。所以当队列中元素个数变化较大时，应该采用链队列，反之应该采用循环队列。如果确定不会溢出，也可以采用顺序队列。

3.2.5　队列的应用案例

1. 舞伴配对问题

在周末舞会上，男士和女士进入舞厅时，各自排成一队。舞会开始时，依次从男队和女队的队头各出一人配成舞伴。若两队初始人数不相同，则较长的那一队中未配对者等待下一轮。现要求写一算法模拟上述舞伴配对问题。

从问题叙述看，先入队的男士和女士分别先出队配成舞伴，因此该问题具有典型的先进先出特性，可用队列作为算法的数据结构。

在算法中，假设男士和女士的记录存放在一个数组中，然后依次扫描该数组的各元素，并根据性别来决定是进入男队还是女队。当这两个队列构造完成后，依次使两队当前的队头元素出队来配成舞伴，直至某队列变空为止。此时，若某队仍有等待者，算法输出此队列中等待者的人数及排在队头的等待者的名字，他（或她）将是下一轮开始时第一个可获得舞伴的人。

（1）创建舞者类。

创建舞者类，包含舞者姓名和性别，性别采用 0 表示男，1 表示女。具体算法如下：

Java:

```
public class Dancer {
    String name;
    int sex; //0 表示男，1 表示女
}
```

Python:

```
class Dancer:
    def __init__(self):
        self.name
        self.sex #0 表示男，1 表示女
```

（2）创建舞伴匹配类。

创建舞伴匹配类，用来初始化舞者类，完成男女舞者的队列创建及配对，以及输出剩余舞者人数和第一名舞者。具体算法如下：

Java:

```
public class MacthDancer {
     SqQueue <Dancer> mDancer = new SqlQueue<Dancer>();//男队列
     SqQueue <Dancer> fDancer = new SqlQueue<Dancer>();//女队列
     public DanceParter(Dancer[] dancer) {//初始化舞者
          Random rand = new Random();
          int sex;
          for (int i = 0; i < dancer.length; i++) {
                dancer[i] = new Dancer();
                sex = rand.nextInt(10) < 5 ? 0 : 1; //随机生成男和女
```

```
                dancer[i].sex=sex;
                dancer[i].name=(sex==0?"M":"F")+(rand.nextInt(800) +100); //随机生成姓名
                }
          }
     public void split(Dancer[] dancer) {//生成男队列和女队列
          for (int i = 0; i < dancer.length; i++) {
                if (dancer[i].sex == 0){
                     mDancer.enQueue(dancer[i]);
                }else{
                     fDancer.enQueue(dancer[i]);
                }
          }
     }
     public void danceMatch() {//匹配舞伴
          while (!mDancer.isEmpty() && !fDancer.isEmpty()) {
               System.out.println(mDancer.deQueue().name+"的舞伴" +
                    fDancer.deQueue().name);
          }
     }
     public void remainderParter() {//输出剩余人数和队头名字
          if (!mDancer.isEmpty()) {
               System.out.println("剩余男舞伴: " + mDancer.size() + "人");
               System.out.print("第一名是: "+mDancer.deQueue().name + " ");
          } else {
               System.out.println("剩余女舞伴: " + fDancer.size() + "人");
               System.out.print("第一名是: "+fDancer.deQueue().name + " ");
          }
     }
}
```

Python:

```
class MacthDancer :
     def __init__(self,dancer:[]):
         self.mDancer = sqQueue.SqQueue(10)#男队列
         self.fDancer = sqQueue.SqQueue(10)#女队列
         i = 0
         while i<len(dancer):
              d = Dancer()
              sex = random.randint(0,1) #随机生成男和女
              d.sex=sex
              d.name=("M" if sex==0 else "F")+str(random.randint(100,899)); #随机生成姓名
              dancer[i] = d
              i += 1
     def split(self,dancer:[]): #生成男队列和女队列
          for d in dancer:
               if d.sex==0:
                     self.mDancer.enQueue(d)
               else:
                     self.fDancer.enQueue(d)
     def match(self): #匹配舞伴
          while ((not self.mDancer.isEmpty()) and (not self.fDancer.isEmpty())):
```

```
            print(self.mDancer.deQueue().name+"的舞伴"+self.fDancer.deQueue().name)
    def remainderParter(self):#输出剩余人数和队头名字
        if not self.mDancer.isEmpty():
            print("剩余男舞伴: " + str(self.mDancer.queueLength()) + "人")
            print("第一名是: "+self.mDancer.deQueue().name + " ")
        else:
            print("剩余女舞伴: " + str(self.fDancer.queueLength()) + "人")
            print("第一名是: "+self.fDancer.deQueue().name + " ")
```

舞伴配对问题的解决方法在很多调度场合可以应用。比如生产零件，一条流水线生产螺母，另一条流水线生产螺帽，生产好的螺母和螺帽分别进入各自的等待队列，当两个队列均不为空时，将各自队列头部的螺母和螺帽组合成一套，进入下一个生产环节。

2. 时间片轮转调度问题

时间片轮转调度是操作系统中最古老、最简单、最公平且使用最广的算法之一，又被称为轮询调度。

在早期的时间片轮转调度中，系统将所有的就绪进程按先来先服务的原则排成一个队列，每次调度时，把 CPU 分配给队首进程，并令其执行一个时间片。时间片的大小从几毫秒到几百毫秒不等。当执行的时间片用完时，由一个计时器发出时钟中断请求，调度程序便据此信号来停止执行该进程，并将它送往就绪队列的末尾；然后，把处理机分配给就绪队列中新的队首进程，同时让它执行一个时间片。这样就可以保证就绪队列中的所有进程，在一个给定的时间内，均能获得时间片的处理机执行时间。

如果在时间片结束时进程仍在执行，则 CPU 将被剥夺并分配给另一个进程。如果进程在时间片结束前阻塞或结束，则 CPU 当即进行切换。调度程序所要做的就是维护一张就绪进程列表，当进程用完它的时间片后，它被移到队列的末尾。

本例模拟算法作如下假设：

（1）时间片只计单位，不计长短；

（2）所有被调度进程都是 CPU 密集型的，执行过程中不会引起中断被阻塞；

（3）进程之间的切换，不计时间开销。

本例模拟一个时间片轮转调度程序，计算进程的周转时间和带权周转时间。

① 进程类。

构造进程类 PCB，用于记录进程编号、到达时间、运行时间、已经运行时间、开始时间、结束时间、周转时间、带权周转时间、进程状态等运行过程中的信息。

Java:

```java
public class PCB {
    String pID; //进程编号
    int arrivalTime; //到达时间
    int runTime; //运行时间
    int alreadyRunTime; //已经运行时间
    int startTime; //开始时间
    int completionTime; //结束时间
```

Python:

```python
class PCB :
    def __init__(self):
        self.pID = -1
        self.arrivalTime = -1
        self.runTime = -1
        self.alreadyRunTime = -1
        self.startTime = -1
        self.completionTime = -1
        self.turnaroundTime = -1
```

int turnaroundTime; //周转时间
//带权周转时间
float weightedTurnaroundTime;
boolean state; //进程状态
}
	self.weightedTurnaroundTime
	= -1
	self.state = False

② 时间片轮转调度类。

构造时间片轮转调度类 RoundRobinSchedule，完成进程初始化，创建进程队列，完成时间片调度模拟，计算相应的开始时间、完成时间、周转时间和带权周转时间。

Java:

```
public class RoundRobinSchedule {
    LinkQueue<PCB> pQueue=new LinkQueue<PCB>();
    public RoundRobinSchedule(PCB[] pcbs) {//构造函数，初始化进程
        Random random = new Random();
        for (int i = 0; i < pcbs.length; i++) {
            pcbs[i] = new PCB();
            pcbs[i]. pID(""+(random.nextInt(8000) + 1000));
            pcbs[i]. arrivalTime(0);
            pcbs[i]. runTime(random.nextInt(10) + 1);
            pcbs[i]. state(false);
        }
    }
    public void dispatchJob(PCB[] pcbs){ //创建进程队列
        for (int i = 0; i < pcbs.length; i++) {
            pQueue.enQueue(pcbs[i]);
        }
    }
    public void RoundRobin() { //调度模拟
        int i=1; //时间片计数
        PCB pcb=new PCB();
        while (!pQueue.isEmpty()) {
            pcb=pQueue.deQueue();  //从队列中取一进程运行
            if(!pcb.isState()) {//第一次运行，设置开始时间
                pcb.startTime(i);
                pcb.state(true);
            }
        pcb.alreadyRunTime(pcb.getAlreadyRunTime()+1);
            if (pcb.runTime()==pcb.getAlreadyRunTime()) {//运行结束
                pcb.completionTime(i);   //完成时间
                //周转时间=完成时间-到达时间
                pcb.turnaroundTime(i-pcb.arrivalTime());
                //带权周转时间=周转时间/运行时间
            pcb.weightedTurnaroundTime(pcb.turnaroundTime()/pcb.runTime());
                pcb.state(false);
                System.out.println(pcb);
            }else {
                pQueue.enQueue(pcb);//运行没有结束，再次入队列
            }
            i++;
```

```
        }
    }
}
```

```
Python:
class RoundRobinSchedule:
    def __init__(self,pcbs:[]):#构造函数，初始化进程
        self.pQueue = linkedQueue.LinkedQueue()
        i = 0
        while i<len(pcbs):
            p = PCB()
            p.pID = random.randint(0,8000) + 1000
            p.arrivalTime = 0
            p.runTime = random.randint(1,11)
            p.state = False
            pcbs[i] = p
            i += 1
    def dispatchJob(self,pcbs:[]):#创建进程队列
        i = 0
        while i<len(pcbs):
            self.pQueue.enQueue(pcbs[i])
            i += 1
    def RoundRobin(self): #调度模拟
        i = 1 #时间片计数
        pcb = PCB()
        while not self.pQueue.isEmpty():
            pcb = self.pQueue.deQueue() #从队列中取一进程运行
            if not pcb.state: #第一次运行，设置开始时间
                pcb.startTime = i
                pcb.state = True
            pcb.alreadyRunTime = pcb.alreadyRunTime+1
            if pcb.runTime==pcb.alreadyRunTime:#运行结束
                pcb.completionTime = i #完成时间
                #周转时间=完成时间-到达时间
                pcb.turnaroundTime = i-pcb.arrivalTime
                #带权周转时间=周转时间/运行时间
                pcb.weightedTurnaroundTime = pcb.turnaroundTime/pcb.runTime
                pcb.state = False
                pcb.display()
            else:
                self.pQueue.enQueue(pcb) #运行没有结束，再次入队列
            i += 1
```

本章小结

本章主要介绍了栈和队列。首先介绍了栈的相关概念，然后对栈的顺序存储结构和链式存储结构及实现方法进行了详细阐述，并进行了比较，之后分析了栈的应用案例。对于队列，在介绍相关概念后，对队列的顺序存储结构和链式存储结构及实现方法进行了详细阐述，还介绍了循环队列，最后对队列的应用案例进行了分析。

本章习题

1.【单选题】插入和删除只能在一端进行的线性表是（　　）。

A. 循环队列　B. 栈　C. 队列　D. 循环栈

2.【单选题】若队列采用顺序存储结构，元素的排列顺序（　　）。

A. 与元素的值的大小有关

B. 由元素进入队列的先后顺序决定

C. 与队头指针和队尾指针的取值有关

D. 与作为顺序存储结构的数组的大小有关

3.【单选题】队和栈的主要区别是（　　）。

A. 逻辑结构不同　B. 存储结构不同

C. 所包含的运算个数不同　D. 限定插入和删除的位置不同

4.【单选题】若让元素 1,2,3,4,5 依次进栈，则出栈次序不可能是（　　）。

A. 5,4,3,2,1　B. 2,1,5,4,3　C. 4,3,1,2,5　D. 2,3,5,4,1

5.【单选题】（　　）不是栈的基本操作。

A. 删除栈顶元素　B. 删除栈底元素

C. 判断栈是否为空　D. 将栈置为空

6.【判断题】队列是一种插入与删除操作分别在表的两端进行的线性表，具有一种后进先出的结构。（　　）

7.【判断题】没有元素的栈被称为空栈，空栈没有栈顶指针。（　　）

8.【判断题】以链表作为栈的存储结构，出栈操作必须判别栈空的情况。（　　）

第4章 递归

递归是计算机科学领域中一个极其重要的问题求解方法。在程序语言中可以用它来定义语言的语法，在数据结构中可以用它来编写表和树结构的查找和排序算法。无论是在理论还是在实际应用方面，递归都是算法研究、运算研究模型、博弈论和图论的重要主题。

4.1 递归定义

4.1

若一个对象部分地包含它自己，或用它自己给自己定义，则称这个对象是递归的，如【例 4-1】中树的定义。

若一个过程直接地或间接地调用自己，则称这个过程是递归的，如【例 4-2】中阶乘的求解。

【例 4-1】树的定义：树是 n（$n\geqslant0$）个节点的有限结合。

当 $n=0$ 时，称为空树。任意一棵非空树 T 满足以下条件：

（1）有且仅有一个特定的称为根的节点；

（2）当 $n>1$ 时，除根节点之外的其余节点被分成 m（$m>0$）个互不相交的有限集合 $T_1,T_2,\cdots,T_m$，其中每个集合是一棵树，并称为这个根节点的子树。

【例 4-2】对 n 的阶乘定义如下，求一个正整数的阶乘 $n!$。

$$n!=\begin{cases}1,n=0\\n\times(n-1)!,n>0\end{cases}$$

构成递归需具备的条件：

（1）子问题须与原始问题为同样的问题，且更为简单；

（2）不能无限制地调用本身，须有个出口，化简为非递归状况来处理。

4.2 递归算法设计

4.2

递归的工作方式是将原始问题分割成较小的问题，解决问题的步骤是自上而下。每个小问题与原始问题具有相同的结构和解决方式，只是处理参数不同。

递归函数又称为自调用函数。函数（或过程）直接或间接调用自己的算法，称为递归算法。

递归算法一般用于解决以下 3 类问题。

（1）数据的定义是按递归定义的。例如阶乘 $n!$。

（2）问题解法用递归算法实现。例如汉诺塔问题。

（3）数据的结构形式是按递归定义的。例如二叉树。

递归的方法有两种：一种是直接递归，另一种是间接递归。

（1）直接递归：直接递归就是函数直接调用它本身，如图 4-1（a）所示。

（2）间接递归：一个函数如果在调用其他函数时，产生了对自身的调用，就是间接递归，如图 4-1（b）所示。

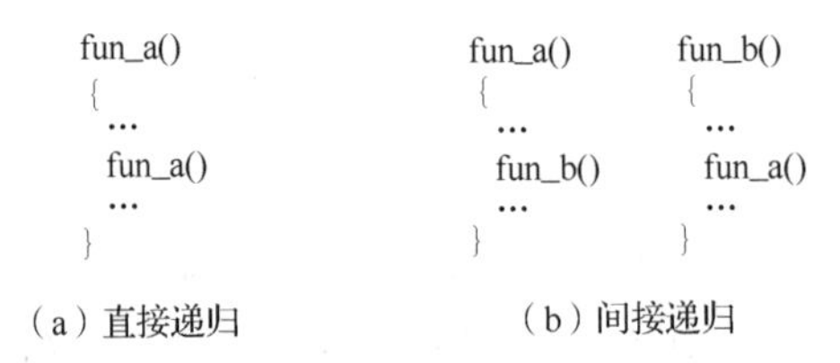

（a）直接递归　　（b）间接递归

图 4-1　递归

递归算法包括递推和回归两部分。

（1）递推：就是为得到问题的解，将其推到比原来问题简单的问题求解。使用递推时要注意，递推应有终止之时。例如 $n!$，当 $n=0$，$0!=1$ 为递推的终止条件。

（2）回归：就是指当“简单问题得到解后，回归到原问题的解上”。例如，在求 $n!$ 时，当计算完 $(n-1)!$ 后，回归到计算 $n\times(n-1)!$ 上。但是在使用回归时应注意，递归算法所涉及的参数与局部变量是有层次的，回归并不引起其他动作。

【例 4-3】阶乘 n!的算法。

Java:

```java
long fact(long n){
    if (n==0){
        return = 1;
    }else{
        return n*fact(n-1);
    }
}
```

Python:

```python
def fact(self,n):
    if n==0 :
        return 1
    else:
        return n*self.fact(n-1)
```

fact(3)的执行时的递推和回归过程如图 4-2 所示。

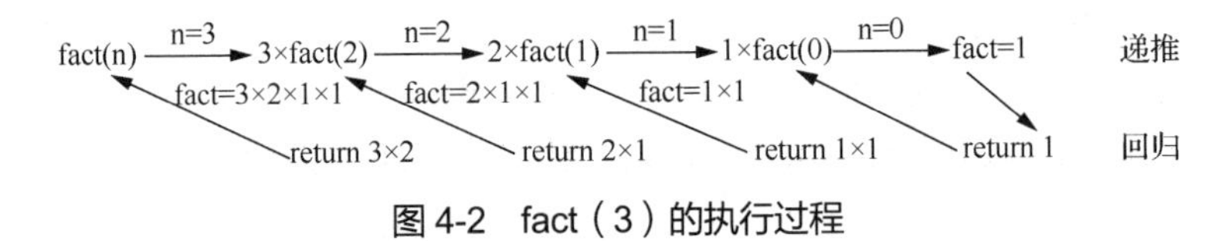

图 4-2　fact（3）的执行过程

递归过程是利用栈的技术来实现的，计算机系统为递归调用建立一个递归工作栈，该栈的每一个元素包含两个域，分别为参数域和返回地址域。这个过程是系统自动完成的。

【例 4-4】汉诺塔（Tower of Hanoi）问题是一种常用的心理学实验研究任务。

任务的主要材料包括 3 根高度相同的柱子和一些大小及颜色不同的圆盘，3 根柱子分别为起始柱 X、辅助柱 Y 及目标柱 Z。

圆盘只可以套在这 3 根柱子上，而且必须遵循大圆盘必须放在小圆盘下的规则。操作的目标是将套在起始柱 X 上的若干圆盘挪到目标柱 Z 上，中间可以使用辅助柱 Y 作为过渡。操作规则：

（1）一次只能移一个圆盘；

（2）圆盘只许在 3 根柱子上存放；

（3）永远不许大圆盘放在小圆盘的上方。

如图 4-3 所示，要求将 X 柱上按直径由小到大、自上而下放置的 n 个圆盘挪到 Z 柱上，Y 柱可用作辅助柱。在此过程中，直径大的圆盘不允许在直径小的圆盘上面。

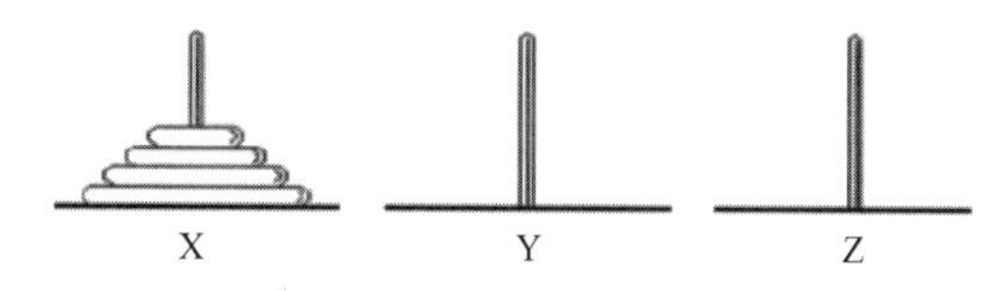

图 4-3 汉诺塔问题

求解汉诺塔问题，我们可以利用递归算法的思想，就是找到规模较大问题和规模较小问题之间的联系。如图 4-4 所示，如果我们能把 X 柱上自上而下放置的 $n-1$ 个圆盘从 X 柱挪到 Y 柱上，然后把 X 柱上剩下的最大的圆盘挪到 Z 柱上，再把已经在 Y 柱上的 $n-1$ 个圆盘挪到 Z 柱上，就可以解决汉诺塔问题。按照这个思路，n 个圆盘的汉诺塔问题的求解就可以转化为两个 $(n-1)$ 个圆盘的汉诺塔问题的求解。

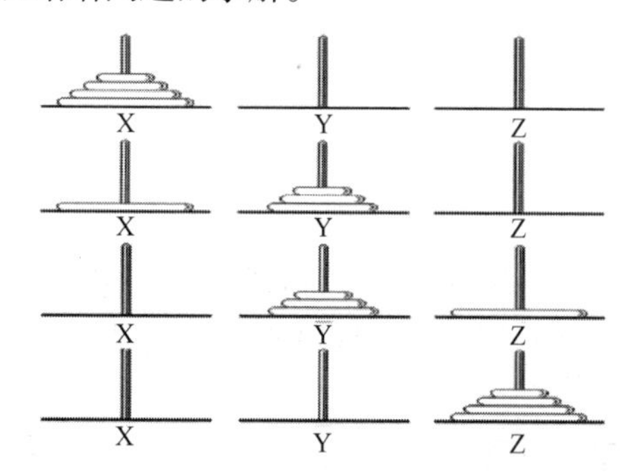

图 4-4 递归求解汉诺塔问题

Java:

```java
public class Hanoi {
    public void move(int n,char x,char y,char z){
        if(n == 1){
            System.out.println("Disk "+n+" From:"+x+" To:"+z);
        }else{
            move(n-1,x,z,y);
            System.out.println("Disk "+(n-1)+" From:"+x+" To:"+z);
            move(n-1,y,x,z);
        }
    }
    public static void main(String[] args){
        Hanoi h = new Hanoi();
        h.move(5, 'X', 'Y', 'Z');
    }
}
```

Python:

```python
class Hanoi :
    def __init__(self):
        self.X = [7,6,5,4,3,2,1]
```

```
        self.Y = []
        self.Z = []
        self.count = 0
    def display(self):
        self.count += 1
        print("第 %d 步: \t"%self.count,end='')
        print("a:",end='')
        print("%-25s"%self.X,end='')
        print("b:",end='')
        print("%-25s"%self.Y,end='')
        print("c:",end='')
        print(self.Z)
    def move(self,n,src,mid,tag):
        if n==1:
            tag.append(src.pop())
            self.display()
            return
        self.play(n-1,src,tag,mid)
        tag.append(src.pop())
        self.display()
        self.play(n-1,mid,src,tag)
h = Hanoi()
h.move(len(h.X), h.X, h.Y, h.Z)
```

4.3 消除递归

4.3

不是所有的高级程序语言都提供递归功能。要提供递归功能，程序语言的编译器必须具有翻译递归程序的能力。常见的计算机语言中，具备此能力的有 C、Java 等。

递归算法是一种“分而治之”的算法，它能把复杂问题简单化，因此某些复杂问题用递归算法来分析比较有效，描述也比较自然、易理解。但用递归算法解决问题相对常用的算法，如普通循环等，递归算法的时间效率通常比较差。另外，在递归算法调用的过程中，系统为每一层的返回点、局部变量等开辟了栈来存储，递归次数过多容易造成栈溢出等。因此，在求解某些问题时，人们希望用递归算法来分析问题，用非递归算法来解决问题。这就需要把递归算法转化为非递归算法。

把递归算法转化为非递归算法通常采用如下两种方法。

（1）直接转换法：对于采用尾递归和单向递归的算法，可用循环结构的算法来代替。

（2）间接转换法：用栈来模拟系统运行时的栈，保存有关的信息，而用非递归算法来模拟递归算法。

4.3.1 直接转换法

尾递归是指在递归算法的函数中，递归调用语句只有一条，而且是处在函数的最后，如【例 4-3】的求解阶乘的函数即尾递归。由于当递归调用返回时，是返回到上一层递归调用的下一条语句，而这个返回位置正好是算法的结束处，因此，每次递归调用时保存的返回地址就不使用了。事实上，函数返回值和函数的参数也是不使用的。由此可见，对于尾递归算法，不必利用系统运行时的栈来保存各种信息。尾递归算法可以方便地用循环结构来替代。阶乘的求解可以写成如下循环结构的非递归算法。

【例 4-5】【例 4-3】阶乘的非递归算法。

Java:

```
long fact(int n){
    long f=1;
    for(int i=1;i<=n;i++){
        f=f*i;
    }
return f;
}
```

Python:

```
def fact(self,n):
    f = 1
    for i in range(1,n+1):
        f *= i
    return f;
```

单向递归是指递归函数中虽然有递归调用语句，但各调用语句的参数只和主调用函数有关，与相互之间的参数无关，并且这些递归调用语句都处在算法的最后。显然，尾递归是单向递归的特例。单向递归的一个典型例子就是斐波那契数列的递归算法。

4.3.2 间接转换法

间接转换法使用栈保存中间结果，一般根据递归函数在执行过程中栈的变化得到。其一般过程如下：

```
将初始状态 s0 进栈
while (栈不为空){
    退栈，将栈顶元素赋给 s;
    if (s 是要找的结果) 返回;
    else {
        寻找到 s 的相关状态 s1;
        将 s1 进栈
    }
}
```

【例 4-6】十进制数转为二进制数的方法在第 3 章已经介绍过，在此对比递归与非递归。

Java 递归:

```
void dToB1(int n){
    if(n<=0){
        return ;
    }
    dToB1(n/2) ;
    System.out.print(n%2) ;
}
```

Python 递归:

```
def dToB1(self,n:int):
    if n<=0 :
        return
    self.dToB1(int(n/2))
    print(int(n%2),end="")
```

Java 非递归:

```
void dToB2(int n){
    Stack<Integer> s=new Stack<Integer>();
    if(n==0){
        return ;
    }
    while(n!=0){
        s.push(n%2);
```

Python 非递归:

```
def dToB2(self,n:int):
    s = Stack.ArrayStack()
    if n==0:
        return
    while (n != 0):
        s.push(int(n%2))
        n = int(n/2)
```

Java	Python

```n = n/2;```
```}```
```System.out.print("\n Result: ");```
```while(!s.isEmpty()){```
```System.out.print(s.pop().toString());```
```}```
```}```
	```print("Result: ",end="")```
	```while (not s.isEmpty()):```
	``` print(s.pop(),end="")```

4.4 回溯法

4.4

本书中涉及的树结构，将在本教材第 5 章中详细介绍。在搜索解的过程中，如果当前的部分解有可能发展成完整解，则称这个部分解是有希望的，否则说它是没有希望的。如果能够确定解状态空间树上某个节点对应的部分解是没有希望的，则可以终止对其后续分支的搜索。这种提前终止没有希望的解的方法被称为回溯法（Back Tracking Method）。由于能够引入所有的约束来尽早确定某个部分解是否有希望，回溯法有可能大幅度提升问题求解的效率。本质上，回溯法可以看作对解状态空间树的深度优先搜索。

在回溯法中，每次扩大当前部分解时，都面临一个可选的状态集合，新的部分解就在该集合中选择构造而成。这样的状态集合，结构上是一棵多叉树，每个树节点代表一个可能的部分解，它的子节点是在它的基础上生成其他部分解。树根为初始状态。这样的状态集合，称为解状态空间树。

回溯法对任意解的生成，一般都采用逐步扩大解的方式。每前进一步，都试图在当前部分解的基础上扩大该部分解。它在有问题的状态空间树中，从开始节点（根节点）出发，以深度优先搜索整个状态空间树。这个根节点成为活节点，同时也成为当前的扩展节点。在当前扩展节点处，搜索向纵深方向移至一个新节点。这个新节点成为新的活节点，并成为当前扩展节点。如果在当前扩展节点处不能再向纵深方向移动，则当前扩展节点就成为死节点。此时，应往回移动（回溯）至最近的活节点处，并使这个活节点成为当前扩展节点。回溯法以这种工作方式递归地在状态空间中搜索，直到找到所要求的解或解空间树中已无活节点时为止。

回溯法与穷举法有某些联系，它们都是基于试探。穷举法将一个解的各个部分全部生成后，才检查是否满足条件，若不满足，则直接放弃该完整解，再尝试另一个可能的完整解，没有沿着一个可能的完整解的各个部分逐步回退生成解的过程。而对于回溯法，一个解的各个部分是逐步生成的，当发现当前生成的某个部分不满足约束条件时，就放弃该步所做的工作，退到上一步进行新的尝试，而不是放弃整个解重来。一般来说，回溯法要比穷举法效率高。

【例 4-7】n 皇后问题。

（1）问题描述

n 皇后问题是一个古老而经典的问题，是用回溯法求解的典型问题。要求把 n 个皇后放在一个 $n \times n$ 的棋盘上，使得任何两个皇后都不能相互攻击，即它们不能同行，不能同列，也不能位于同一条斜线上。

显然，棋盘的每一行上必须而且只能摆放一个皇后，所以，n 皇后问题便简化为如何在棋盘上为每个皇后分配一列。问题的可能解用一个 n 元向量 $X=(x_1,x_2,x_3,\cdots x_n)$ 表示，其中，

$1 \leqslant x_i \leqslant n$，即第 i 个皇后放在第 i 行第 x_i 列上。由于两个皇后不能位于同一列，所以，解向量 X 中的分量必须满足的约束条件为 $x_i \neq x_j$。

若两个皇后摆放的位置分别是 (i, x_i) 和 (j, x_j)，在棋盘上斜率为-1 的斜线上，满足条件 $x_j - x_i = j - i$，在棋盘上斜率为 1 的斜线上，满足条件 $x_j - x_i = -(j - i)$。综合两种情况，由于两个皇后不能位于同一条斜线上，所以，解向量 X 中的分量还必须满足的约束条件为 $|x_j - x_i| \neq |j - i|$。

对于 $n = 1$，问题的解很简单，而且我们很容易看出对于 $n = 2$ 和 $n = 3$ 来说，这个问题是无解的。下面考虑 $n = 4$，即四皇后问题。

（2）算法基本思想

回溯法从空棋盘开始，整个解状态空间树的搜索空间如图 4-5 所示。

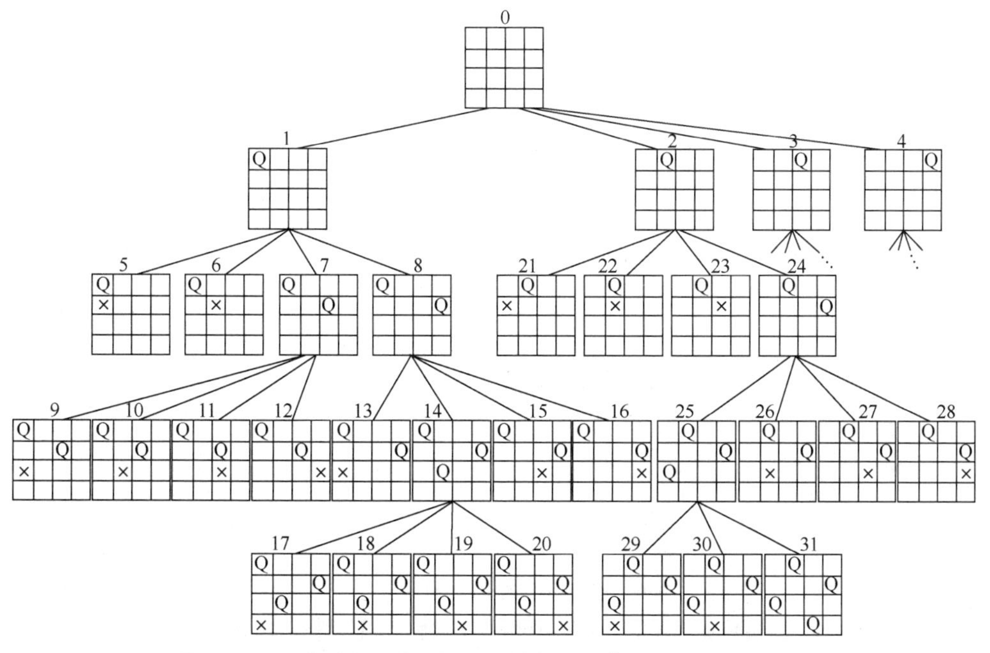

图 4-5　用回溯法解四皇后问题的搜索空间（×表示失败的尝试）

首先把皇后 1 摆放到它所在行的第 1 个可能的位置，也就是第 1 行第 1 列；对于皇后 2，在经过第 1 列和第 2 列的失败尝试后（节点 5、6），把它摆放到第 1 个可能的位置，也就是第 2 行第 3 列（节点 7）；对于皇后 3，把它摆放到第 3 行的哪一列上都会引起冲突（节点 9、10、11、12），即违反约束条件，所以进行回溯，回到对皇后 2 的处理，把皇后 2 摆放到下一个可能的位置，也就是第 2 行第 4 列（节点 8）；再次对皇后 3 进行处理，在经过第 1 列失败的尝试后，把它摆放到第 1 个可能的位置，也就是第 3 行第 2 列（节点 14）；最后对皇后 4 进行处理，皇后 4 摆放到第 4 行的哪一列上都会引起冲突（节点 17、18、19、20），再次进行回溯，回到对皇后 3 的处理，为皇后 3 选择下一个可能的位置；即尝试第 3 列和第 4 列，发现都发生冲突（节点 15、16），即下一个可能的位置找不到；继续回溯，回到对皇后 2 的处理，然而，此时皇后 2 已位于棋盘的最后一列，因此也没法找到下一个可能的位置；继续回溯，回到对皇后 1 的处理，把皇后 1 摆放到下一个可能的位置，也就是第 1 行第 2 列（节点 2），接下来，把皇后 2 摆放到第 2 行第 4 列的位置，把皇后 3 摆放到第 3 行第 1 列的位置，把皇后 4 摆放到第 4 行第 3 列的位置，这就是 4 皇后问题的一个解（节点 31）。

（3）算法实现

用回溯法求四皇后问题，用栈来实现解状态空间树的深度优先搜索，x[]用来存放列值，即解向量的各分量取值，check(int row,int col)函数用于检测在 row 行 col 列放置一个新的皇后后是否与之前已放置的皇后发生冲突。queue()为求四皇后问题的函数，具体实现如下。

Java：

```
bool check( int row,int col){
    for( int j= 1; j<row; j++){
        if(x[j]== col||(abs(row-j) == abs(col-[j])){
            return false;
        }
    }
    return true;
}
void queue(int n){
    int top = 0;
    for(i=0;i<n;i++){     //初始化解向量 X 的各个分量 x
        x[i] = 0 ;
    }
    stackNode[top] = 0;        //根节点入栈，构造由根节点组成的一元栈
    stackLevel[top]= 0 ;
    while(top>=0){           //栈不为空则循环
        level = stackLevel[top]; //层级出栈
        x[level] = stackNode[top];  //节点出栈
        top--;
        if(level==n){        //栈顶元素
            for(i=1;i<=n;i++){
                System.out.print(x[i]);    //输出问题的解
            }
            return;  //若此行注释掉，可输出问题的所有可行解
        }else{   //有满足约束的后代，后代增加到该栈，若没有，程序转到 while 循
                //环的第一行，栈的下一个元素出栈，引起回溯
            for(j=4;j>0;j-- ){    //子节点逆序入栈
                if(check(level+1,j)){  //只有满足约束条件的子节点才入栈
                    top++;
                    stackLevel[top] = level + 1;
                    stackNode[top]= j;
                }
            }
        }
    }
}
```

Python：

```
def check(board,row,col):
    i = 0
    while i < row:
        if abs(col-board[i]) in (0,abs(row-i)):
```

```
            return False
        i += 1
    return True
def EightQueen(board,row):
    blen = len(board)
    if row == blen:
        print(board)
        return True
    col = 0
    while col < blen:
        if check(board,row,col):
            board[row] = col
            if EightQueen(board,row+1):
                return True
        col += 1
    return False
```

常说回溯和递归容易混淆，其实不然。在回溯法中可以看到递归的身影，但是两者是有区别的。

回溯法从问题本身出发，寻找可能实现的所有情况，和穷举法的思想相近，不同在于穷举法是将所有的情况都列举出来以后再一一筛选，而回溯法在列举过程如果发现当前情况根本不可能存在，就停止后续的所有工作，返回上一步进行新的尝试。递归是从问题的结果出发，这样不断地向提问的前一步探索，不断地调用自己。回溯法可以用递归实现，也可以不用递归实现。

4.5 递归的评价

4.5

使用递归可解决适用递归的复杂问题，可缩短程序代码、提高编程效率，但是在程序执行时，并不能提高程序的运行效率。以斐波那契数列的求解过程为例，详细说明。

【例 4-8】斐波那契数列又称黄金分割数列，因数学家莱昂纳多·斐波那契（Leonardo Fibonacci）以兔子繁殖为例子而引入，故又称“兔子数列”，指的是这样一个数列：1、1、2、3、5、8、13、21、34……斐波那契数列可以用如下的递推的方法定义，即 $F(1)=1, F(2)=1,\ F(n)=F(n-1)+F(n-2)$（$n>2, n\in \mathrm{N}^*$）。求斐波那契数列中第 n 个数的值。

Java 代码 4-1　Python 代码 4-1

由于斐波那契数列本身的定义就是递归的，所以我们直接用递归的方式就可以求解数列。斐波那契数列的递归调用如图 4-6 所示，递归求解方式如下：

Java:

```java
long fib(int n){
    if(n==1||n==2){
        return 1 ;
    }else{
        return fib(n-1) + fib(n-2) ;
    }
}
```

Python:

```python
def fib(self,n):
    if n==1 or n==2:
        return 1
    else:
        return self.fib(n-1)+self.fib(n-2)
```

我们运行程序时可以发现，当参数 n 值在 40 以内时，没有特别情况，但是 n 值达到 45 时，明显能发现程序运行时间变长。当 n 超过 55 时，多数个人计算机都将陷入漫长的等待。如果我们使用普通数列的解法，则不会出现这种问题。例如下面的方法：

Java:

```java
long fib1(int n){
     long a = 1 ;
     long b = 1 ;
     long s = -1 ;
     for(int i=3 ; i<=n ; i++){
          s = a + b ;
          a = b ;
          b = s ;
     }
     return s ;
}
```

Python:

```python
def fib1(self,n):
    l = [1,1]
    while len(l)<n:
        l.append(l[-1]+l[-2])
    return l[-1]
```

在递归中出现运行时间变长的情况，主要是由于斐波那契数列的递归调用树的节点数量呈几何级数增长，导致了计算量呈几何级数增长。当数列不长的时候，运行时间的差别并不明显；一旦我们可以察觉到程序的运行时间有明显变化时，说明计算量的几何级数增长非常明显。

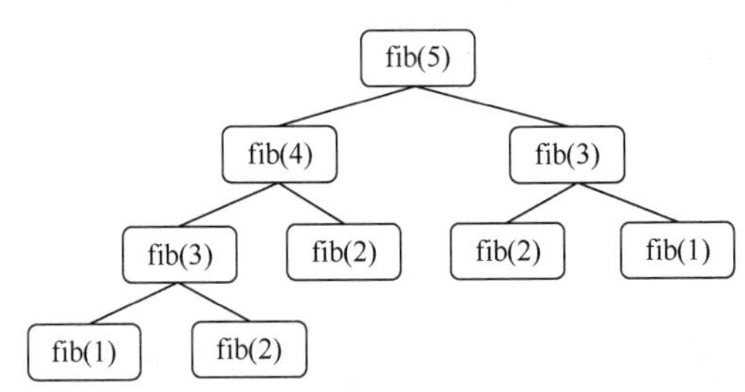

图 4-6　斐波那契数列的递归调用

本章小结

本章介绍了计算机科学中的一个重要算法——递归。除了介绍了递归的定义，还介绍了如何使用递归进行程序设计，并分析了如何将递归问题转成非递归问题来求解。对于容易和递归混淆的回溯，进行了详细的介绍与辨析。最后对递归进行了评价，以斐波那契数列求解为例，分析了递归的缺陷。

本章习题

1.【单选题】一个递归算法必须包括（　　）。

A. 递归部分　　B. 终止条件和递归部分

C. 迭代部分　　D. 终止条件和迭代部分

2.【单选题】关于递归，下列说法不正确的是（　　）。

A. 可以利用递归进行具有自相似性无限重复规则的算法的构造

B. 可以利用递归进行具有自重复性无限重复动作的执行，即递归计算或递归执行

C. 可以利用递归进行具有自相似性无限重复事物的定义

D. 其他选项的说法不全正确

3.【单选题】关于递归函数的说法中，错误的是（　　）。

A. 递归函数可以改写为非递归函数

B. 递归函数应有递归结束的条件

C. 解决同一个问题的递归函数的效率比非递归函数的效率要高

D. 递归函数往往更符合人们的思路，程序更容易理解

4.【问答题】从前有座山，山上有座庙，庙里有个老和尚和一个小和尚，小和尚要老和尚讲故事，老和尚就说："从前有座山，山上有座庙，庙里有个老和尚和一个小和尚，小和尚要老和尚讲故事，老和尚就说：'从前有座山……'"这个故事的结构是递归吗？请阐述理由。

第5章　树

在程序设计中，常常会遇到很多非线性结构的数据类型。其中，树就是一种常见的非线性结构。无论是在传统的文件管理系统中，还是在前沿的人工智能、区块链、大数据中，都可以见到各种类型的树形结构。

5.1

5.1　树的概念

自然界中的树有树根、树枝和树叶。数据结构中的树和现实的树类似，有根、分支和叶子等。之所以把它叫作“树”，是因为它看起来像一棵倒长的树，也就是具有根在上而叶在下的结构。

5.1.1　树的定义

树是由 n（$n \geqslant 0$）个有限节点组成的一个具有层次关系的集合，每个节点有零个或多个子节点；没有父节点的节点称为根节点；每一个非根节点有且只有一个父节点；除了根节点外，每个子节点可以组成多个不相交的子树。

树的主要特点为：非空树中至少有一个根节点和树中各子树是互不相交的集合。树的结构如图 5-1 所示。

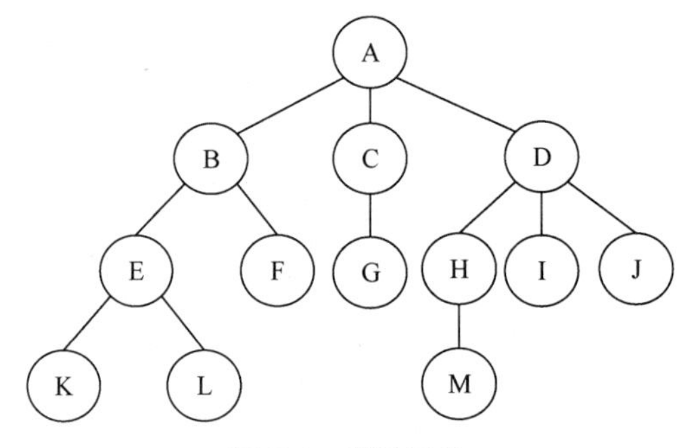

图 5-1　树的结构

5.1.2　树的相关概念

树的结构是具有层次关系的，结构中的各个节点由于所处的位置不同，所以它们所具备的特性也有所不同。下面是节点的相关概念。

（1）节点：树中的元素，包括数据项及若干指向子树的分支。

（2）节点的度：节点拥有的子树数。

（3）树的度：一棵树中最大的节点度数。

（4）叶子节点：度为 0 的节点，也叫终端节点。

（5）分支节点：度不为 0 的节点，也叫非终端节点。

（6）内部节点：除根节点之外，分支节点也被称为内部节点。

中国传统社会是家族社会，家族在中国现代社会中仍然具有重要的地位。家族的家谱结构是典型的树形结构，具有明显的层次关系。在树的相关概念中，很多关系也和族谱中的关系相似。

下面是节点之间关系的相关概念。

（1）孩子节点：节点的子树的根称为该节点的孩子节点（子节点）。

（2）双亲节点：孩子节点的上层节点叫双亲节点，又叫父节点。

（3）兄弟节点：同一双亲节点的孩子节点之间互称兄弟节点。

（4）堂兄弟节点：双亲节点在同一层的节点互称堂兄弟节点。

（5）祖先节点：从根到该节点所经分支上的所有节点。

（6）子孙节点：子树中的任一节点都是该节点的子孙节点。

（7）节点的层次：从根节点算起，根为第一层，它的孩子为第二层……

（8）树的深度：树中节点的最大层次数。

【例 5-1】在图 5-1 表示的树中，相关节点与节点之间的关系如下。

（1）节点 A 的度为 3；节点 B 的度为 2；整棵树的度为 3（所有节点的度中的最大值）。

（2）叶子节点有：K、L、F、G、M、I、J。

（3）节点 A 的孩子节点为：B、C、D。

（4）节点 D 的孩子节点为：H、I、J。

（5）节点 E 的双亲节点为：B。

（6）节点 C 的双亲节点为：A。

（7）节点 B、C、D 互为兄弟节点。

（8）节点 F、G 互为堂兄弟节点。

（9）节点 K 的祖先节点有：A、B、E。

（10）节点 D 的子孙节点有：H、I、J、M。

（11）节点 A 的层次为第一层，节点 G 的层次为第三层。

（12）树的深度为：4。

5.1.3 树的表示

树的表示方法常见的有以下几种：树形结构表示法、凹入表示法、嵌套集合表示法（文氏图）、广义表表示法。图 5-2 所示为同一棵树的不同表示法。

1. 树形结构表示法

用圆表示节点，圆之间的连线表示节点之间的关系，如图 5-2（a）所示。

2. 凹入表示法

用横条表示节点，用横条的长短表示节点之间的关系，如图 5-2（b）所示。

3．嵌套集合表示法

用圆表示节点，用圆之间的包含关系表示节点之间的关系，如图 5-2（c）所示。

4．广义表表示法

用括号中的元素表示节点，用括号的包含关系表示节点之间的关系，如图 5-2（d）所示。

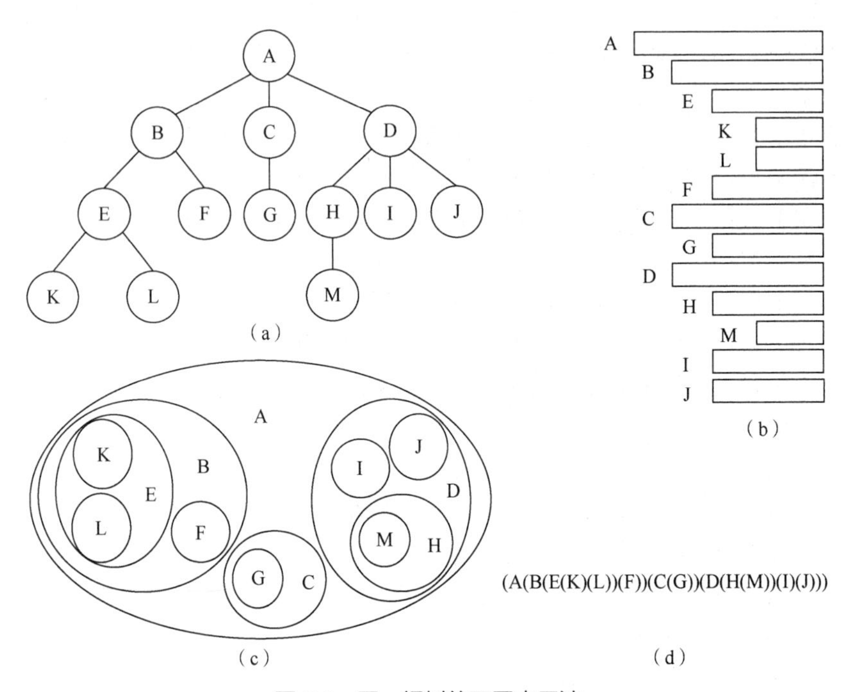

图 5-2　同一棵树的不同表示法

5.2　二叉树

5.2

对于树，比较简单的结构是单支树，也就是每个节点的度最多为 1 的树，这种树的结构是线性的，就是在第 2 章介绍的线性表。具有非线性结构的树是每个节点的度最多为 2 的树，即每个节点的分叉最多为 2，也被称为二叉树。二叉树是树的最简单的形式之一，因此在这个意义上它们更容易被研究。

5.2.1　二叉树的概念

二叉树（Binary Tree）是指树中节点的度不大于 2 的有序树。

二叉树的递归定义为：二叉树是一棵空树，或者是一棵由一个根节点和两棵互不相交的、分别称作根的左子树和右子树组成的非空树；左子树和右子树同样都是二叉树。

二叉树是有序的，每个节点的左子树先于其右子树。

所谓的有序树指的是树中节点的各子树从左至右是有序的。最左边的子树的根称为第一个孩子节点，最右边的子树的根称为最后一个孩子节点。

1. 二叉树的基本形态

二叉树是递归定义的，其节点有左右子树之分，逻辑上二叉树有以下 5 种基本形态。

（1）空二叉树，如图 5-3（a）所示。

（2）只有一个根节点的二叉树，如图 5-3（b）所示。

（3）只有左子树，如图 5-3（c）所示。

（4）只有右子树，如图 5-3（d）所示。

（5）左右子树均非空的二叉树，如图 5-3（e）所示。

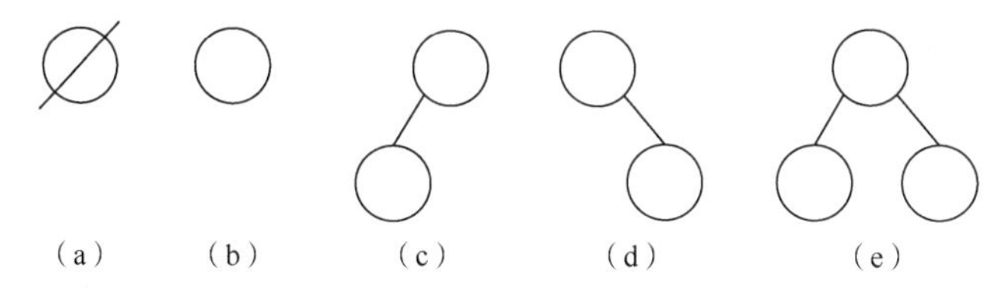

图 5-3　二叉树的基本形态

2. 满二叉树

一棵二叉树，如果每一层的节点数都为最大值，则这个二叉树就是满二叉树。也就是说，如果一个二叉树的深度为 k，且节点总数是 2^k-1，它就是满二叉树，如图 5-4 所示。

特点：满二叉树中，每一层的节点数都为最大值；只有度为 0 或 2 的节点；叶子节点全在最下层。

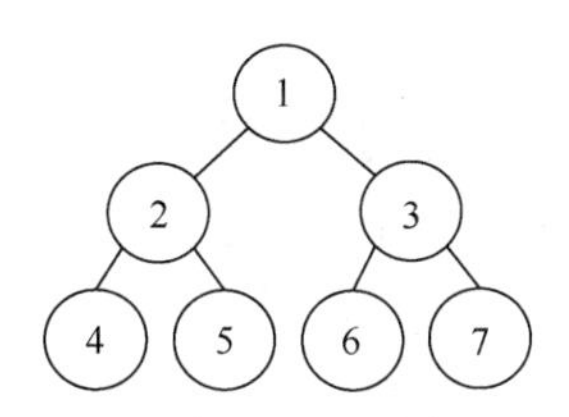

图 5-4　满二叉树

3. 完全二叉树

一棵深度为 k 的有 n 个节点的二叉树，对树中的节点按从上至下、从左到右的顺序进行编号，如果编号为 i（$1 \leqslant i \leqslant n$）的节点与满二叉树中编号为 i 的节点在二叉树中的位置相同，则这棵二叉树称为完全二叉树，如图 5-5 所示。

特点：在完全二叉树中，叶子节点只可能出现在最下层和倒数第二层，且最下层的叶子节点集中在树的左部。满二叉树肯定是完全二叉树，而完全二叉树不一定是满二叉树。

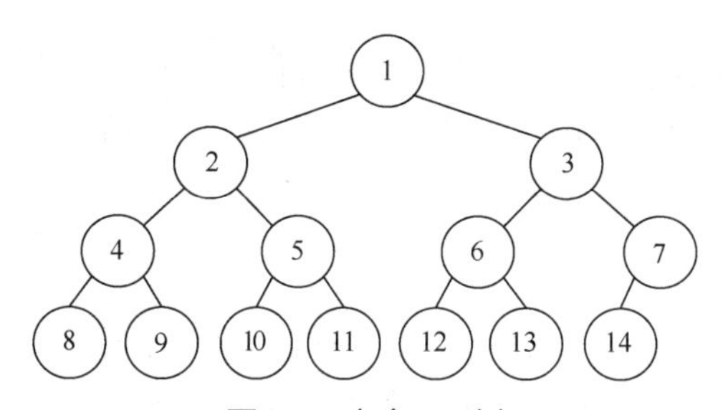

图 5-5　完全二叉树

5.2.2 二叉树的性质

二叉树主要有以下 5 个性质。

性质 1：在二叉树第 i 层上至多有 2^{i-1}（$i \geqslant 1$）个节点。

证明：当 $i=1$ 时，只有一个根节点，$2^{i-1}=2^0=1$ 正确。

假设对所有的 j（$1 \leqslant j < i$）命题成立，即第 j 层上至多有 2^{j-1} 个节点，那么可以证明 $j=i$ 时命题成立。

归纳假设：第 $i-1$ 层上至多有 2^{i-2} 个节点。

由于二叉树的每个节点的度至多为 2，故在第 i 层上的最大节点数为第 $i-1$ 层上的最大节点数的 2 倍，即 $2 \times 2^{i-2}=2^{i-1}$。

性质 2：深度为 k 的二叉树至多有 2^k-1 个节点（$k \geqslant 1$）。

证明：由性质 1 可见，深度为 k 的二叉树的最大节点数为

$$\sum_{i=1}^{k} 第i层上的最大节点数 = \sum_{i=1}^{k} 2^{i-1} = 2^k - 1。$$

性质 3：对任意二叉树，如果其终端节点数为 n_0，度为 2 的节点数为 n_2，则 $n_0 = n_2 + 1$。

证明：设二叉树的度为 1 的节点数为 n_1，显然，二叉树中节点总数为 $n = n_0 + n_1 + n_2$，二叉树的分支数为 $n_1 + 2 \times n_2$。除根节点无分支指向，其他每个节点都有且只有一个分支指向。所以，节点总数为 $n = n_1 + 2 \times n_2 + 1$。

由以上两式可得：$n_0 = n_2 + 1$。

性质 4：具有 n 个节点的完全二叉树的深度为 $\lfloor \log_2 n \rfloor + 1$。

证明：假设完全二叉树的深度为 k，则根据性质 2 和完全二叉树的定义，有 $2^{k-1} \leqslant n < 2^k$，于是可得 $k-1 \leqslant \lfloor \log_2 n \rfloor < k$。

因为 k 是正整数，所以 $k = \lfloor \log_2 n \rfloor + 1$。

性质 5：对一棵有 n 个节点的完全二叉树，其节点按层序号编号（从第 1 层到 $\lfloor \log_2 n \rfloor + 1$ 层，每层从左到右），则对任意节点 i（$1 \leqslant i \leqslant n$），有以下关系。

如果 $i=1$，则节点 i 是根节点，无双亲节点；否则，其双亲节点为 $i/2$。

如果 $2i > n$，则节点 i 无左孩子节点（节点 i 为叶子节点）；否则其左孩子节点是节点 $2i$。

如果 $2i+1 > n$，则节点 i 无右孩子节点；否则其右孩子节点是节点 $2i+1$。

5.2.3 二叉树的存储

二叉树的存储方式主要有两种，一种是顺序存储，一种是链式存储。顺序存储利用节点在线性表中的位置关系反映它们在二叉树中的关系。链式存储利用指针表示节点在二叉树中的关系。下面详细介绍这两种二叉树的存储方式。

1. 二叉树的顺序存储

根据二叉树的性质 5 知，对于完全二叉树，可以在顺序表中直接存储，即根据节点在顺序表中的位置，就可以算出对应的父节点与左右子节点。在存储时第 0 个元素可以置为空。

在图 5-6（a）中的顺序存储形式如下。

Java：{null,1,2,3,4,5,6,7,8,9,10}

Python：[None,1,2,3,4,5,6,7,8,9,10]

对于非完全二叉树，可以将树补成完全二叉树，如图 5-6（b）所示，存储形式如下。

Java：{null,1,2,3,null,5,null,7,null,null,10}

Python：[None,1,2,3, None,5,None,7,None,None,10]

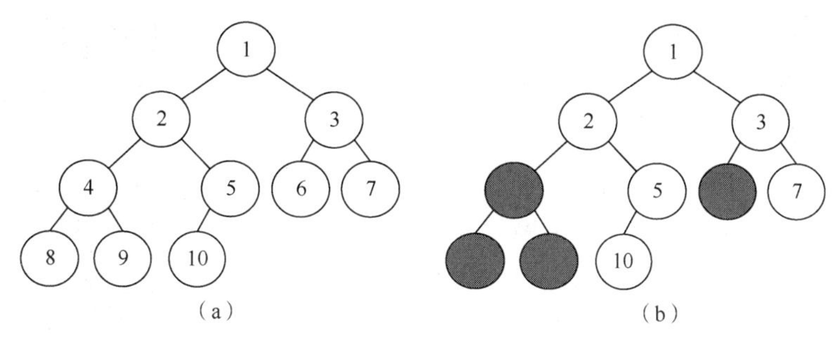

图 5-6　二叉树结构

2. 二叉树的链式存储

链式存储主要使用指针表示节点之间的关系。对于链式存储，需要以对象形式存储每个节点。每个节点由 3 部分组成：数据、指向左孩子节点的指针、指向右孩子节点的指针。节点的定义如下：

Java:

```java
public class Node {
    object  data ;
    Node  lchild ;
    Node  rchild ;
    Node(object  data){
        this.data = data ;
    }
}
```

Python:

```python
class Node:
    def __init__(self,data):
        self.data = data
        self.lchild=None
        self.rchild=None
```

对于图 5-6（b），建立链式存储可以采用如下方式：

Java:

```java
Node initTree(){
    Node n1 = new Node(1) ;
    Node n2 = new Node(2) ;
    Node n3 = new Node(3) ;
    Node n5 = new Node(5) ;
    Node n7 = new Node(7) ;
    Node n10 = new Node(10) ;
    n1.lchild = n2 ;
    n1.rchild = n3 ;
    n2.rchild = n5 ;
    n3.rchild = n7 ;
    n5.lchild = n10 ;
    return n1 ;
}
```

Python:

```python
def initTree(self):
    n1 = Node(1)
    n2 = Node(2)
    n3 = Node(3)
    n5 = Node(5)
    n7 = Node(7)
    n10 = Node(10)
    n1.lchild = n2
    n1.rchild = n3
    n2.rchild = n5
    n3.rchild = n7
    n5.lchild = n10
    return n1
```

5.2.4 二叉树的遍历

遍历（Traversal）是指沿着某条搜索路线，依次对树中每个节点均做一次且仅做一次访问。通过遍历可以得到二叉树中各节点的一种线性顺序，使非线性的二叉树线性化，简化有关的运算和处理。

二叉树的遍历主要有：先序遍历、中序遍历、后序遍历。

由于二叉树是有序的，所以在遍历的过程中，访问左子树须先于访问右子树。

Java 代码 5-1

Python 代码 5-1

Java 代码 5-2

Python 代码 5-2

1. 先序遍历

对于先序遍历，操作方式如下。

若二叉树非空，则依次执行如下操作：

（1）访问根节点；

（2）先序遍历左子树；

（3）先序遍历右子树。

Java:

```
void preOrder(Node n){
    if(n==null){
        return ;
    }
    System.out.print(n.data+"  ");
    preOrder(n.lchild) ;
    preOrder(n.rchild) ;
}
```

Python:

```
def perOrder(self,node:Node):
    if node==None:
        return
    print(node.data,end="  ")
    self.perOrder(node.lchild)
    self.perOrder(node.rchild)
```

2. 中序遍历

对于中序遍历，操作方式如下。

若二叉树非空，则依次执行如下操作：

（1）中序遍历左子树；

（2）访问根节点；

（3）中序遍历右子树。

Java:

```
void midOrder(BNode n){
    if(n==null){
        return ;
    }
    midOrder(n.lchild) ;
    System.out.print(n.data+"  ");
    midOrder(n.rchild) ;
}
```

Python:

```
def midOrder(self,node:Node):
    if node==None:
        return
    self.midOrder(node.lchild)
    print(node.data, end="  ")
    self.midOrder(node.rchild)
```

3. 后序遍历

对于后序遍历，操作方式如下。

若二叉树非空，则依次执行如下操作：

（1）后序遍历左子树；
（2）后序遍历右子树；
（3）访问根节点。

Java:	Python:

<pre>void postOrder(BNode n){
    if(n==null){
        return ;
    }
    postOrder(n.lchild) ;
    postOrder(n.rchild) ;
    System.out.print(n.data+" ");
}</pre>
	<pre>def postOrder(self,node:Node):
	    if node==None:
	        return
	    self.postOrder(node.lchild)
	    self.postOrder(node.rchild)
	    print(node.data, end=" ")</pre>

【例 5-2】对图 5-7 所示的二叉树分别进行先序遍历、中序遍历和后序遍历。

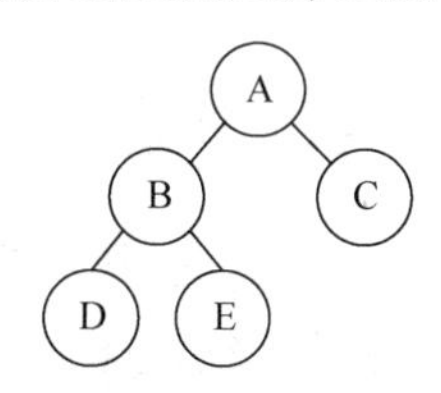

图 5-7　二叉树

先序遍历：从根节点 A 开始遍历。
① A 不为空，访问 A，输出 A。
② A 的左子树 B 不为空，访问 B，输出 B。
③ B 的左子树 D 不为空，访问 D，输出 D。
④ D 的左右子树都为空，完成 D 的访问，返回 B。
⑤ B 的右子树 E 不为空，访问 E，输出 E。
⑥ E 的左右子树都为空，完成 E 的访问，返回 B；此时完成 B 的访问，返回 A。
⑦ A 的右子树 C 不为空，访问 C，输出 C。
⑧ C 的左右子树都为空，完成 C 的访问，返回 A。
⑨ 完成 A 的访问，结束。
先序遍历的输出为：A→B→D→E→C。
中序遍历：从根节点 A 开始遍历。
① A 不为空，A 的左子树 B 不为空，访问 B。
② B 的左子树 D 不为空，访问 D。
③ D 的左子树为空，跳过；输出 D；D 的右子树为空，跳过；返回 B。
④ 输出 B；B 的右子树 E 不为空，访问 E。
⑤ E 的左子树为空，跳过；输出 E；E 的右子树为空，跳过；返回 B。
⑥ B 的访问结束，返回 A；输出 A。
⑦ A 的右子树 C 不为空，访问 C。
⑧ C 的左子树为空，跳过；输出 C；C 的右子树为空，跳过；返回 A。
⑨ 完成 A 的访问，结束。
中序遍历输出为：D→B→E→A→C。

后序遍历：从根节点 A 开始遍历。

① A 不为空，A 的左子树 B 不为空，访问 B。

② B 的左子树 D 不为空，访问 D。

③ D 的左右子树都为空，跳过；输出 D；返回 B。

④ B 的右子树 E 不为空，访问 E。

⑤ E 的左右子树都为空，跳过；输出 E；返回 B。

⑥ 输出 B，返回 A。

⑦ A 的右子树 C 不为空，访问 C。

⑧ C 的左右子树都为空，跳过；输出 C；返回 A。

⑨ 输出 A；完成 A 的访问，结束。

后序遍历输出为：D→E→B→C→A。

5.3

5.3 树、森林与二叉树

森林指的是若干棵互不相交的树的集合。

二叉树是形态最简单的非线性树之一，并且已经在 5.2 节介绍了二叉树的操作。树可以转换成二叉树，森林也可以转换成二叉树，这样就可以使用二叉树的操作方式处理普通树。

本节主要介绍树、森林与二叉树之间的关系，以及它们之间相互转化的方法。

5.3.1 树的存储

对于二叉树，主要有顺序存储和链式存储两种存储方式。对于普通树，可以单独使用顺序存储与链式存储，也可以使用顺序存储与链式存储混合的方式，主要有以下几种存储方式。

1. 双亲表示法

双亲表示法使用一组连续的存储单元存储树的每一个节点及节点间的关系。树的节点，包含节点值 data 和该节点的双亲 parent 的位置。树的根节点，parent 设为-1。

树的结构如图 5-8（a）所示，树的存储方式如图 5-8（b）所示。A 是根节点，parent 值设为-1。B、C、D 的双亲节点都是 A，parent 值设为 0，也就是 A 的存储位置。E、F 的双亲节点都是 B，parent 值设为 1，也就是 B 的存储位置。

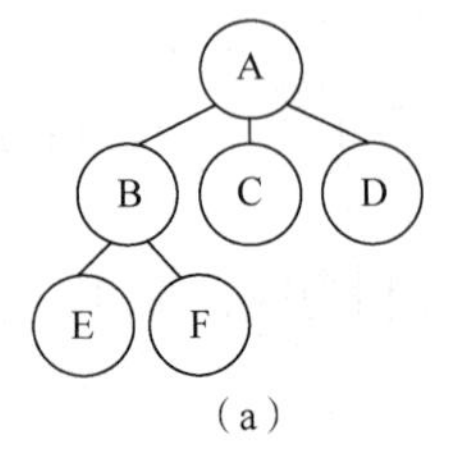

（a）

index	data	parent
0	A	-1
1	B	0
2	C	0
3	D	0
4	E	1
5	F	1

（b）

图 5-8　树的双亲表示法

双亲表示法寻找双亲节点方便，时间复杂度只有 $O(1)$，可以从一个节点出发，依次向上搜索，从而找到根节点。但是访问孩子节点和兄弟节点的操作比较麻烦。

2. 孩子链表表示法

孩子链表表示法的存储结构分为两部分：一部分是用 data 域来存储树的每一个节点值，用 FirstChild 域来存储该节点的第一个孩子节点的地址，另一部分是用链表来表示当前节点的其他孩子节点。

树的结构如图 5-9（a）所示，树的存储方式如图 5-9（b）所示。A 是根节点，FirstChild 指向其链表的头节点，节点的 data 是 1，表示 A 的第一个孩子节点所在位置是 1，即 B 节点。此节点的 next 指针指向 data 为 2 的节点，即 C 节点，依次类推。通过这个链表可以将 A 的所有孩子节点找到。

使用孩子链表表示法寻找孩子节点和兄弟节点方便，但是访问双亲节点的操作比较麻烦。

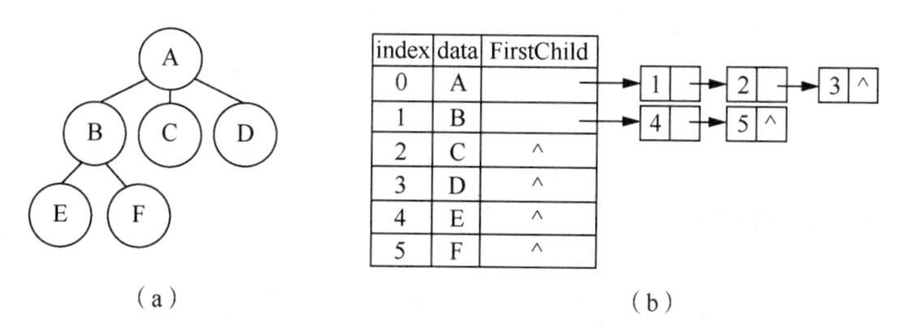

图 5-9 孩子链表表示法

3. 双亲孩子链表表示法

双亲表示法和孩子链表表示法在访问双亲节点、孩子节点和兄弟节点上各有优缺点，将这两种方法结合起来，就能达到取长补短的效果。在孩子链表表示法的基础上，加一列 parent，这样，访问双亲节点、孩子节点和兄弟节点的操作都会非常方便。双亲孩子链表表示法如图 5-10 所示。

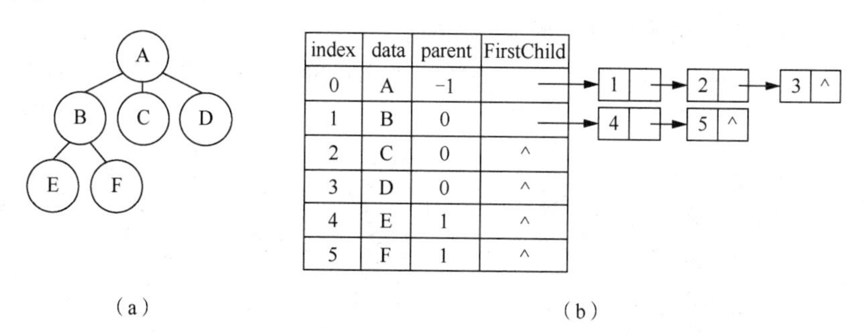

图 5-10 双亲孩子链表表示法

在图 5-10 中，树的表示方式结合了双亲表示法和孩子链表表示法的优点，对于各节点无论是向上还是向下，查找都是非常方便的。

4. 孩子兄弟表示法

孩子兄弟表示法中，每个节点包含 3 个部分，第一部分是数据域 data，第二部分是指向该节点的第一个孩子节点的指针 FirstChild，第三部分是指向该节点右侧兄弟节点的指针 rightsib。孩子兄弟表示法如图 5-11 所示。

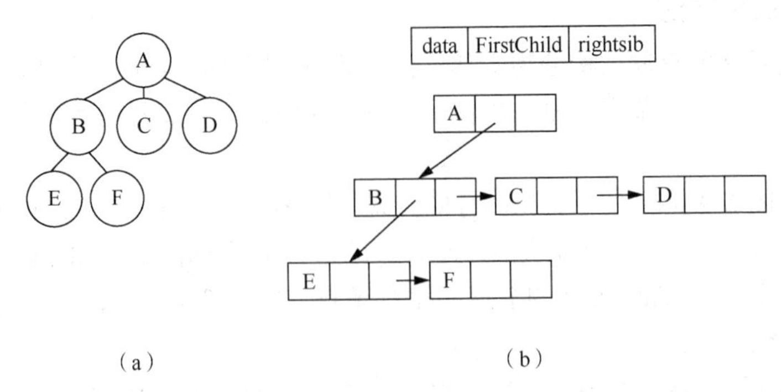

图 5-11　孩子兄弟表示法

在图 5-11 中，对于树中的分支节点，FirstChild 指向第一个子节点，而其他的子节点则通过 FirstChild 所指向的节点的 rightsib 带出的链表呈现，这样每个节点只需两个指针就可以了。

5.3.2　树与二叉树的转换

在孩子兄弟表示法中，每个节点拥有两个指针，其结构与二叉树相同，所以对于普通树，可以通过孩子兄弟表示法将其转换成二叉树。

1. 树转二叉树

将树转换成二叉树，通过以下 3 个步骤即可实现，转换步骤如图 5-12 所示。

① 加线：在兄弟节点之间加一条线。

② 抹线：对每个节点，除了其第一个孩子节点外，去除其与其余孩子节点之间的关系。

③ 调整：将节点按层次排列，形成二叉树。

根节点没有兄弟节点，将树转成二叉树后，所得到的二叉树的根节点没有右子树。

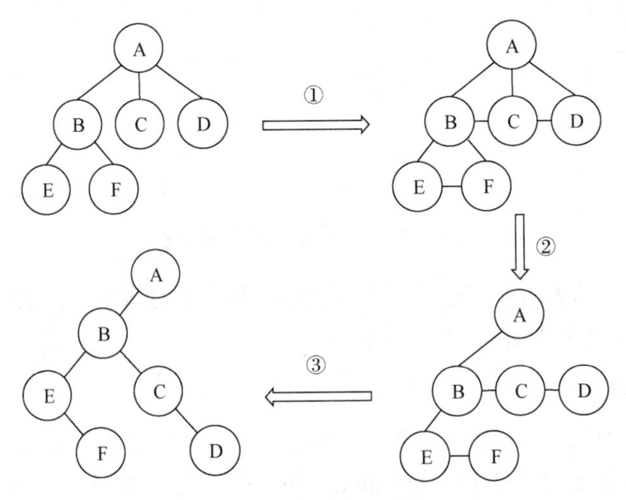

图 5-12　树转二叉树

2. 二叉树转树

二叉树转树的过程就是树转二叉树的逆过程。注意：待转换的二叉树是没有右子树的。

二叉树转树的过程如图 5-13 所示。

① 加线：若 p 节点是双亲节点的左孩子节点，则将 p 节点的右孩子节点、右孩子节点的右孩子节点……沿分支找到的所有右孩子节点，都与 p 节点的双亲节点用线连起来。

② 抹线：抹掉原二叉树中双亲节点与右孩子节点之间的连线。

③ 调整：将节点按层次排列，形成树结构。

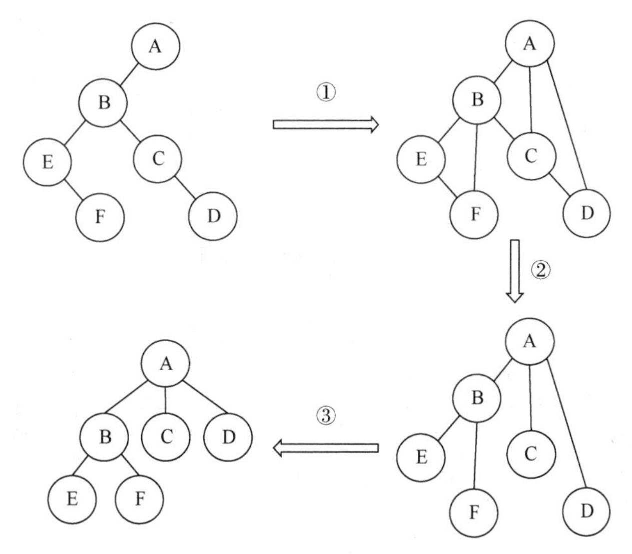

图 5-13 二叉树转树

5.3.3 森林与二叉树的转换

森林是树的集合，森林中普通树的数目不小于 0。由树转换成的二叉树，具有没有右子树的特征。可以将这些空的右子树利用起来，用它们的根节点的右指针相互连接起来，这样就可以将森林转换成二叉树。上述过程的逆过程即二叉树转森林的过程。

1. 森林转二叉树

将森林转换成二叉树，可以通过以下 3 步实现，转换过程如图 5-14 所示。

① 将各棵树分别转换成二叉树。

② 将每棵树的根节点用线相连。

③ 以第一棵树的根节点为二叉树的根，调整层次，构成二叉树结构。

2. 二叉树转森林

二叉树转森林是森林转二叉树的逆过程，可以通过以下两步实现，转换过程如图 5-15 所示。

① 抹线：将二叉树中根节点沿右分支搜索到的所有右孩子节点间的连线全部抹掉，使之变成孤立的二叉树。

② 还原：将孤立的二叉树分别还原成树。

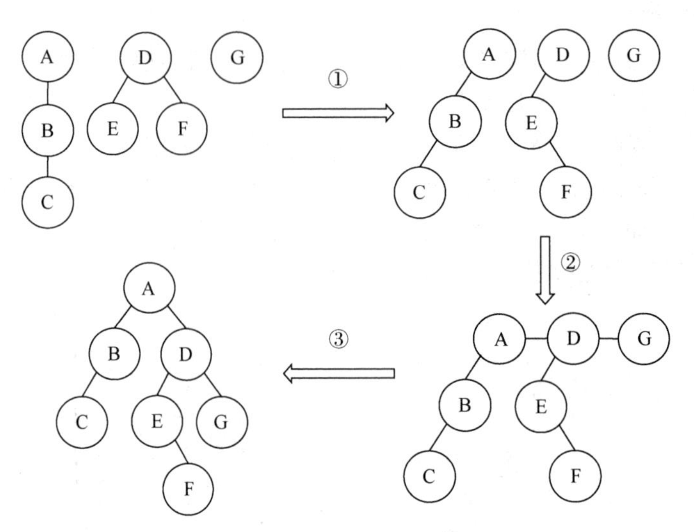

图 5-14　森林转二叉树

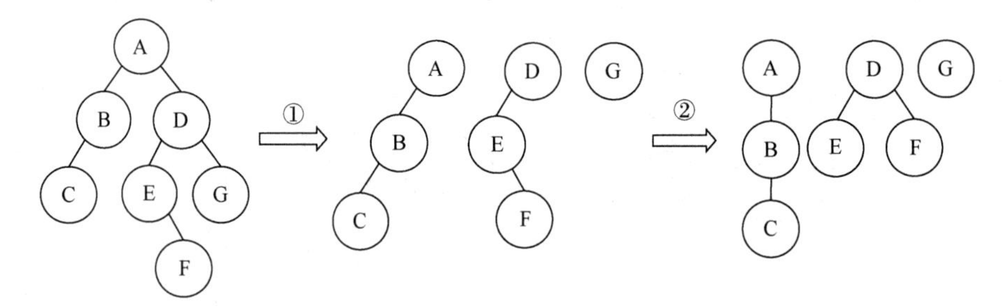

图 5-15　二叉树转森林

5.3.4　树的遍历

在二叉树中，已经介绍了二叉树的先序遍历、中序遍历和后序遍历方法。对于普通树的遍历，主要有先序遍历、后序遍历与层次遍历。由于在普通树的节点中很难定位中间子节点，中序遍历算法在普通树中不适用。

1. 先序遍历

树的先序遍历与对应的二叉树的先序遍历思路一致。遍历方法如下。

若树非空，则：

① 访问根节点；

② 依次先序遍历当前根节点的各个子树。

2. 后序遍历

树的后序遍历与对应的二叉树的后序遍历思路一致。遍历方法如下。

若树非空，则：

① 依次后序遍历根的各个子树；

② 访问根节点。

3. 层次遍历

层次遍历在二叉树遍历中没有介绍，但也是一种常见的遍历方法。顾名思义，从根节点开始，按层次访问各个节点，同层次的节点按从左到右的顺序访问。遍历方法如下。

① 若树非空，访问根节点。

② 若第 1,⋯,i(i≥1)层节点已被访问，且第 i+1 层节点尚未被访问，则从左到右依次访问第 i+1 层。

【例 5-3】分别写出图 5-16 中，树的先序遍历序列、后序遍历序列、层次遍历序列。

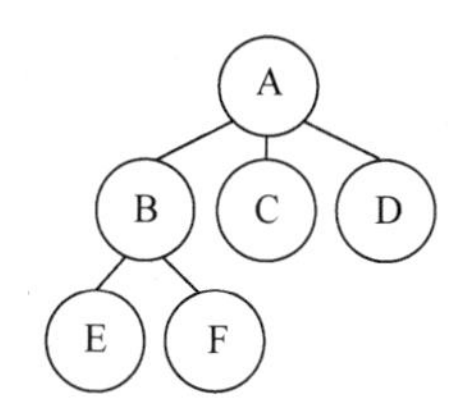

图 5-16 树

答：先序遍历序列：A→B→E→F→C→D。

后序遍历序列：E→F→B→C→D→A。

层次遍历序列：A→B→C→D→E→F。

5.4 哈夫曼树

5.4

哈夫曼树是由哈夫曼博士于 20 世纪 50 年代发明的一种数据结构，是一种应用广泛的二叉树。哈夫曼树可用来构造最优编码，常用于信息传输、数据压缩等。

5.4.1 哈夫曼树的相关概念

哈夫曼树是基于二叉树的，在此基础之上需扩展一些相关概念，相关概念如下。

1. 路径

若树中存在某个节点序列 $k_1,k_2,\cdots,k_j$，满足 k_i 是 k_{i+1} 的双亲节点，则该节点序列是树上的一条路径。

2. 路径长度

路径经过的边数，称为路径长度。

3. 树的路径长度

树的路径长度是从树根到树中每一个叶子节点的路径长度之和。叶子节点数量相同的情况下，完全二叉树的路径长度最短。

4. 节点的权

给树的节点赋予一定意义的数值，称为节点的权。

5. 节点的带权路径长度

从树根到某节点的路径长度与节点的权的乘积是该节点的带权路径长度。

6. 树的带权路径长度

树中所有叶子节点的带权路径长度之和，记作树的带权路径长度（Weighted Path Length of Tree，WPL）：

$$WPL = \sum_{k=1}^{n} w_k l_k$$

其中，w_k 为第 k 个叶子节点的权，l_k 为根到第 k 个叶子节点的路径长度。

【例 5-4】4 个节点的权值分别为 2、3、5、7。图 5-17 所示为以它们为叶子节点构造的二叉树，计算各二叉树的带权路径长度。

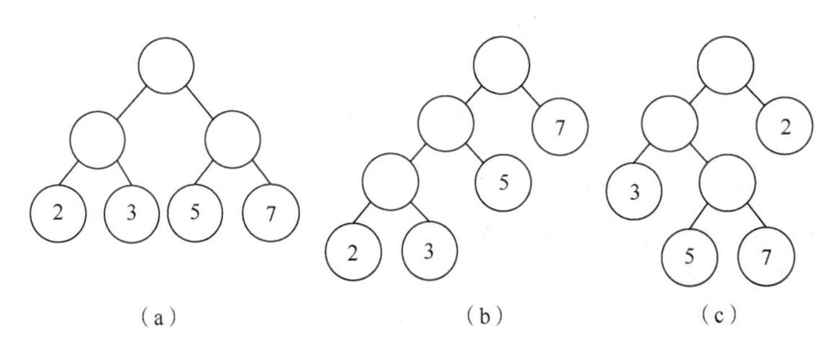

图 5-17 计算带权路径长度

图 5-17（a）中树的 WPL=2×2+3×2+5×2+7×2=34。

图 5-17（b）中树的 WPL=2×3+3×3+5×2+7×1=32。

图 5-17（c）中树的 WPL=2×1+3×2+5×3+7×3=44。

由 n 个带权叶子节点构成的二叉树具有不同形态，其中带权路径长度最小的二叉树称为哈夫曼树，又叫最优二叉树，或最佳判定树。由【例 5-4】所示可以看出，完全二叉树的带权路径长度不一定是最小的，哈夫曼树的形态受节点的权的影响。

【例 5-5】某校男生 12min 跑动标准与实际分布情况如表 5-1 所示，分析将跑动距离换算成等级的算法。

表 5-1 跑动标准与实际分布情况

跑动距离/m	等级	所占比例
<2000	不及格	10%
2000～<2300	及格	20%
2300～<2600	中	30%
2600～<2800	良	25%
≥2800	优	15%

一般判定过程若按图 5-18（a）进行算法实现，将实际分布情况作为叶子节点构建判定二叉树，可以得到图 5-18（b）所示的二叉树。

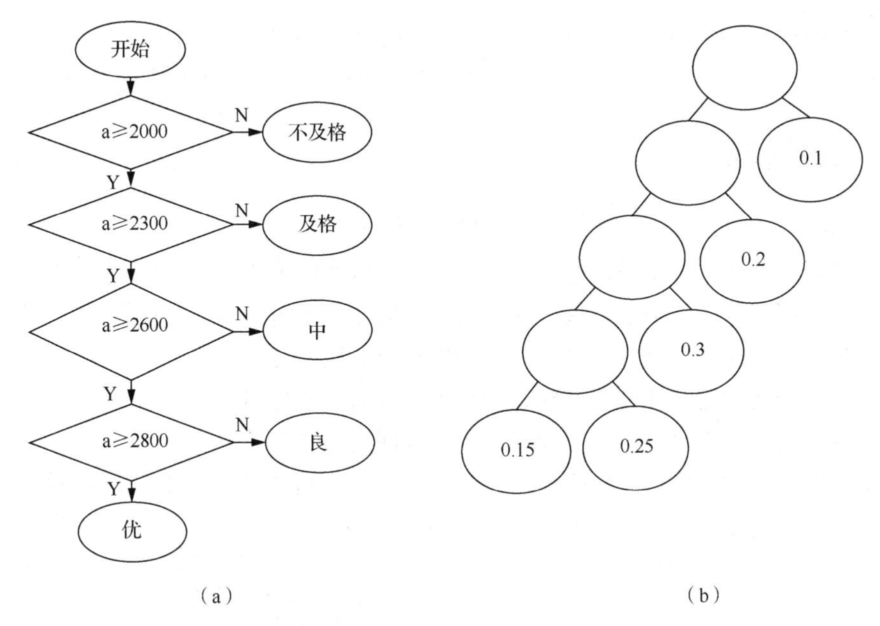

（a）　　　　（b）

图 5-18　一般判定过程

树的带权路径长度 $WPL = 0.15\times4+0.25\times4+0.3\times3+0.2\times2+0.1\times1=3$。

这意味着每个值平均需要判断 3 次才能得到对应的等级。

如果将实际分布情况作为叶子节点构建最佳判定二叉树，即哈夫曼树，可以得到图 5-19（a）所示的树，对应的流程如图 5-19（b）所示。

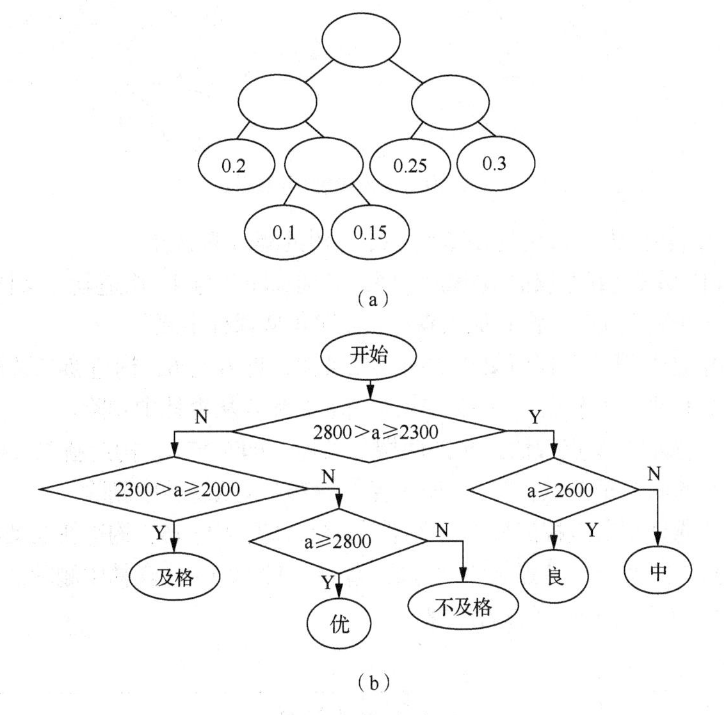

（b）

图 5-19　最佳判定过程

树的带权路径长度 WPL=0.1×3+0.15×3+0.2×2+0.25×2+0.3×2=2.25。

这意味着每个值平均需要判断 2.25 次就能得到对应的等级，从而优化了算法。

5.4.2 哈夫曼算法

哈夫曼算法是构造哈夫曼树的方法，具体方法如下。

① 根据给定的 n 个权值 $\{w_1, w_2, \cdots, w_n\}$，构造 n 棵只有根节点的二叉树，令其权值为 w_j。

② 在森林中选取两棵根节点权值最小的树作为左右子树，构造一棵新的二叉树。

③ 设置新二叉树根节点权值为其左右子树根节点权值之和。

④ 在森林中删除这两棵树，并将新得到的二叉树加入森林。

⑤ 重复上述步骤，直到只含一棵树为止，这棵树为哈夫曼树。

【例 5-6】已知权值集合{2,4,6,7,8}，构造哈夫曼树。构造过程如图 5-20 所示。

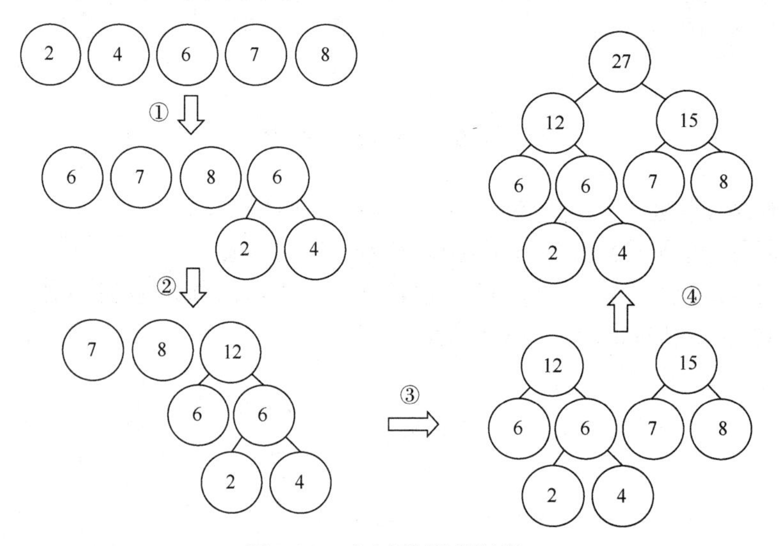

图 5-20 哈夫曼树构造过程

首先将各权值转换为二叉树的根节点，二叉树的集合为森林。

① 在森林中选取根节点权值最小的两棵二叉树，即 2 与 4，构造新二叉树根节点为 6，2 与 4 分别为 6 的两个子节点。将 6 加入森林，2 和 4 从森林中删除。

② 在森林中选取根节点权值最小的两棵二叉树，即 6 与 6，构造新二叉树根节点为 12，6 与 6 分别为 12 的两个子节点。将 12 加入森林，6 和 6 从森林中删除。

③ 在森林中选取根节点权值最小的两棵二叉树，即 7 与 8，构造新二叉树根节点为 15，7 与 8 分别为 15 的两个子节点。将 15 加入森林，7 和 8 从森林中删除。

④ 在森林中选取根节点权值最小的两棵二叉树，即 12 与 15，构造新二叉树根节点为 27，12 与 15 分别为 27 的两个子节点。将 27 加入森林，12 和 15 从森林中删除。

以下是【例 5-6】哈夫曼算法的实现。

节点结构：

Java:	**Python:**
`public class HNode {`	`class HNode:`

``
    int data ;
    HNode lchild ;
    HNode rchild ;
    HNode(int data){
        this.data = data ;
    }
}
``
	``
	    def __init__(self,data):
	        self.data = data
	        self.lchild = None
	        self.rchild = None
	``

哈夫曼算法：

Java：

```
int[] datas = {2,4,6,7,8} ;
LinkedList<HNode> list =
            new LinkedList<HNode>() ;
HNode root ;
void initList(){
     for(int i:datas){
          list.add(new HNode(i)) ;
     }
}
void huffman (){
     while(list.size()>1){
          HNode min1 = list.get(0) ;
          HNode min2 = list.get(1) ;
          if(min2.data<min1.data){
               min2 = list.get(0) ;
               min1 = list.get(1) ;
          }
          for(int i=2;i<list.size();i++){
               if(list.get(i).data<min1.data){
                    min2 = min1 ;
                    min1 = list.get(i) ;
               }else
if(list.get(i).data<min2.data){
                    min2 = list.get(i) ;
               }
          }
          HNode n = new
HNode(min1.data+min2.data) ;
          n.lchild = min1 ;
          n.rchild = min2 ;
          list.remove(min1) ;
          list.remove(min2) ;
          list.add(n) ;
     }
     root = list.getFirst() ;
}
```

Python：

```
def __init__(self):
     self.tree = [HNode(2),HNode(4),
                  HNode(6),HNode(7),HNode(8)]
     self.huffman()
def huffman(self):
     while len(self.tree)>1 :
          min1 = self.tree[0]
          min2 = self.tree[1]
          if self.tree[0].data>self.tree[1].data:
               min1 = self.tree[1]
               min2 = self.tree[0]
          for i in range(2,len(self.tree)):
               if self.tree[i].data < min1.data:
                    min2 = min1
                    min1 = self.tree[i]
               elif self.tree[i].data <
min2.data:
                    min2 = self.tree[i]
          n = HNode(min1.data+min2.data)
          n.lchild = min1
          n.rchild = min2
          self.tree.remove(min1)
          self.tree.remove(min2)
          self.tree.append(n)
```

Java 代码 5-3　　Python 代码 5-3

5.4.3 哈夫曼编码

哈夫曼编码是哈夫曼算法在数据通信领域中的一种应用。进行数据通信时，需要传输各种报文。对于西文字符的报文，通常对报文中的字符进行等长编码。若将字符设计为不等长编码，出现频率高的字符编码短，出现频率低的字符编码长，可以使总报文变短，从而提升通信的传输效率。在不等长编码中需使得编码为前缀码。

前缀码是指对字符集进行编码时，要求字符集中任意字符的编码都不是其他字符的编码的前缀。

例如有 abcd 需要编码，如设 a=0、b=10、c=110、d=11，则 110 的前缀表示的可以是 c 或是 d 跟 a，出现这种情况是因为 d 的前缀 11 与 c 的前缀 110 有重合部分。

可以使用哈夫曼算法构造哈夫曼树的思路，设计不等长的前缀码。设计思路如下。

① 将需要被编码的字符作为叶子节点，权值为字符出现的概率。

② 约定：哈夫曼树中的任意节点如果存在左子节点，则到其左子节点的分支并用“0”表示；如果存在右子节点，则到其右子节点的分支并用“1”表示。

③ 从根节点到叶子节点的路径中，分支表示的字符序列即该字符对应的哈夫曼编码。

【例 5-7】设某语言有 A、B、C、D、E、F 6 种字母，出现的概率分别为 0.11、0.12、0.13、0.15、0.22、0.27。以字母的概率为叶子节点构建哈夫曼树，树的结构如图 5-21 所示。

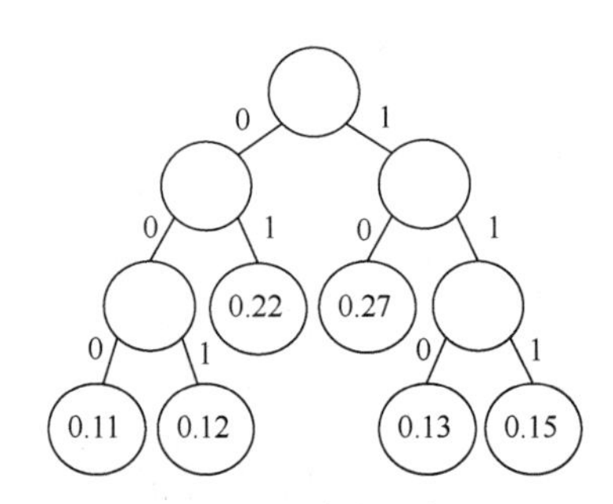

图 5-21　哈夫曼编码

由图 5-21 可知，编码如下：

A=000，B=001，C=110，D=111，E=01，F=10。

WPL=0.11×3+0.12×3+0.13×3+0.15×3+0.22×2+0.27×2=2.51。

报文每个字母平均码长为 2.48，如果采用等长编码，每个字母的码长为 $\log_2 6=3$，报文总长预期可以缩短 100%×(3−2.48)/3，约 17%。

5.5

5.5　堆

堆（Heap）是一类特殊的数据结构的统称。堆通常是可以被看作完全二叉树的数组对象，适合用来在一组变化频繁（发生增删查改的频率较高）的数据中寻找最大值或最小值，堆常用于优先级队列中。

5.5.1　堆的概念

堆是完全二叉树，这样的堆也被称为二叉堆。堆中如果每个节点的值都大于等于其子节点的值，则称为大根堆，又叫大顶堆、最大堆。如果每个节点的值都小于等于其子节点的值，我们将其称为小根堆，又叫小顶堆、最小堆。

图 5-22（a）所示为小根堆，图 5-22（b）所示为大根堆。对于小根堆，左右子树根节点没有大小之分，下层的节点值只需要大于等于其父节点，对父节点的兄弟节点也没有要求。

同理，对于大根堆，左右子树根节点也没有大小之分，下层的节点值只需要小于等于其父节点，对父节点的兄弟节点也没有要求。

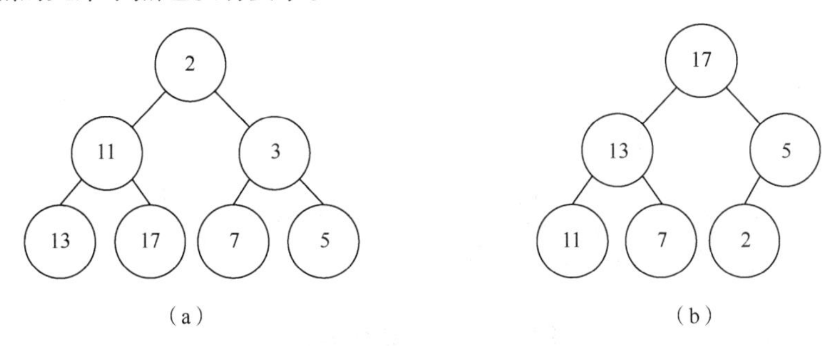

图 5-22 堆

由于堆是完全二叉树，所以用顺序表存储，其存储效率高、操作方便性好。用顺序表存储二叉树时，0 号位不用。对于图 5-22（a），用-1 表示空，表示如下。

Java：{-1,2,11,3,13,17,7,5}

Python：[-1,2,11,3,13,17,7,5]

对于图 5-22（b），表示如下。

Java：{17,13,5,11,7,2}

Python：[17,13,5,11,7,2]

对于 Java 语言，实际操作中会有添加、删除元素的操作，可以用 ArrayList<Integer>实现。

5.5.2 堆的操作

在堆的操作中，主要有建堆、添加节点、删除节点，一般通过这些基本操作，可以完成对堆的各种进一步操作，对堆的进一步操作将在第 7 章中详细介绍。

1. 建堆

对于堆的建立，可以看成顺序表的调整过程。以大根堆建堆为例，调整方法如下。

① 找到最后一个分支节点（非叶子节点）。

② 对这个节点进行向下调整，即与其孩子节点相比较，把比自己大并且是最大的孩子节点与当前节点交换位置。如果发生交换，到达新位置的节点将继续向下调整，直到不发生交换或到达叶子节点。

③ 从后向前对所有分支节点进行向下调整，直到对根节点完成向下调整。

【例 5-8】设节点分别为 3、7、5、13、2、17、11，建立大根堆。

初始完全二叉树结构形态按层次构建，示例如图 5-23 所示。

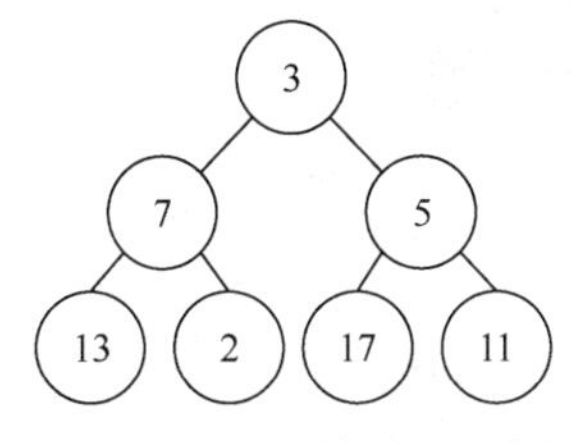

图 5-23 初始完全二叉树

从最后一个分支节点开始，从后向前调整。本例从值为 5 的节点开始调整。将节点的值与其孩子节点的值相比较，如果孩子节点的值大于双亲节点的值，选取值较大的孩子节点与该节点交换位置，如图 5-24 所示。

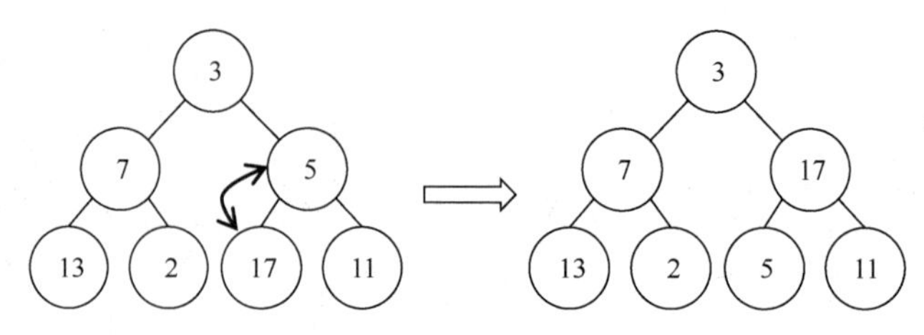

图 5-24　调整节点位置 1

接下来，调整值为 7 的节点，和上一步类似，与值为 13 的节点交换位置，如图 5-25 所示。

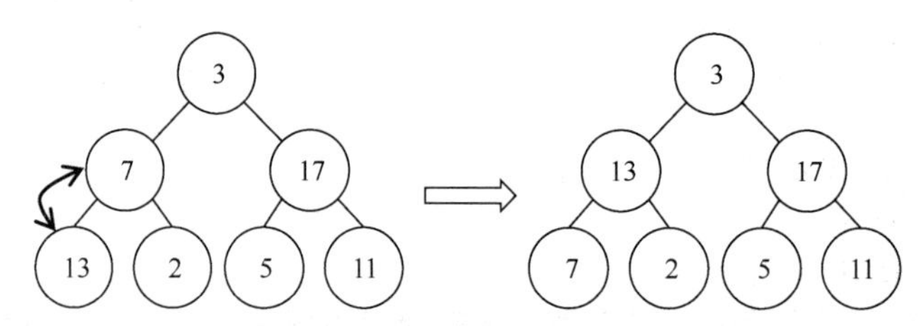

图 5-25　调整节点位置 2

最后调整值为 3 的节点，由于上两步值为 5 和 7 的节点被调整到的位置都是叶子节点，所以不用进一步调整。当前的值为 3 的节点与值为 17 的节点交换位置后，还要与其新位置的孩子节点的值比较，需要继续与值为 11 的节点交换位置，如图 5-26 所示。

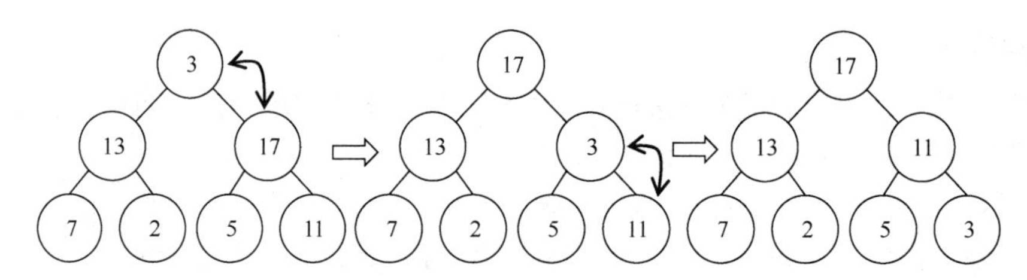

图 5-26　调整节点位置 3

至此大根堆建立完成。

建堆的方法如下：

```
Java:
void creatHeap(ArrayList<Integer> arr){
     for(int i=(int)(arr.size());i>0;i--){
          shiftDown(arr,i);
     }
}
void shiftDown(ArrayList<Integer> arr,int i){
     if(i*2>arr.size()-1){//i 是叶子节点
```

```
        return ;
    }
    int leftValue = arr.get(i*2).intValue() ; //左子节点赋值
    int rightValue = -1 ; //默认 i 无右子节点，-1 表示无穷小
    if(i*2+1<=arr.size()-1){ //i 有右子节点
        rightValue = arr.get(i*2+1).intValue() ;
    }
    int j=0 ;
    Integer temp ;
    if(arr.get(i).intValue()>=leftValue && arr.get(i).intValue()>=rightValue){
        return ; //i 比两个孩子节点的值大，结束
    }else if(leftValue>=rightValue){  //左子节点待交换
        j = i*2 ;
    }else{ //右子节点待交换
        j = i*2+1 ;
    }
    temp = arr.get(j) ;
    arr.set(j, arr.get(i)) ;
    arr.set(i, temp) ;
    shiftDown(arr,j) ;
}
```

Python:

```
def craetHeap(self,arr:[]):
    for i in range((int)(len(arr)/2)-1,0,-1):
        self.shift(arr,i)
def shift(self,arr:[],i):
    if i*2>len(arr)-1:#i 是叶子节点
        return
    leftValue = arr[i*2] #左子节点赋值
    rightValue = -1 #默认 i 无右子节点，-1 表示无穷小
    if i*2+1<=len(arr)-1: #i 有右子节点
        rightValue = arr[i*2+1]
    if arr[i]>=leftValue and arr[i]>=rightValue :
        return #i 比两个孩子节点的值大，结束
    elif leftValue>=rightValue : #左子节点待交换
        j = i*2
    else: #右子节点待交换
        j = i*2+1
    temp = arr[j]
    arr[j] = arr[i]
    arr[i] = temp
    self.shift(arr,j)
```

2. 添加节点

在堆中添加节点，首先把这个节点加到顺序表的末尾，然后从下向上调整至合适位置。对于大根堆，直到根节点，或有变化的节点的值没有大于其父节点的值，则添加完成。

【例 5-9】在【例 5-8】建立的大根堆的基础上，添加一个值为 19 的节点。操作如下。

首先把值为 19 的节点加到树的末尾，如图 5-27 所示。

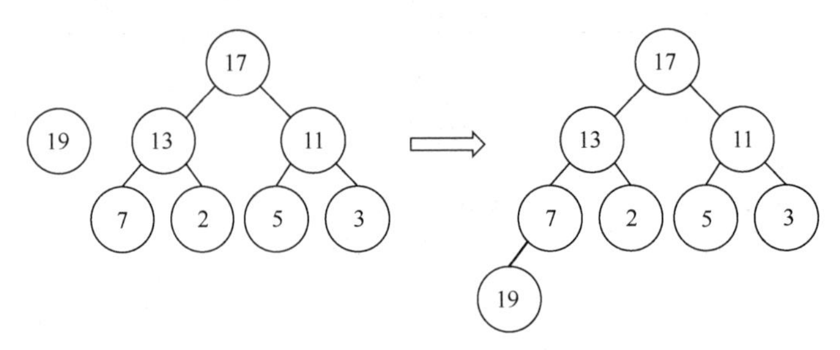

图 5-27　添加节点

值为 19 的节点与值为 7 的节点交换位置，如图 5-28 所示。

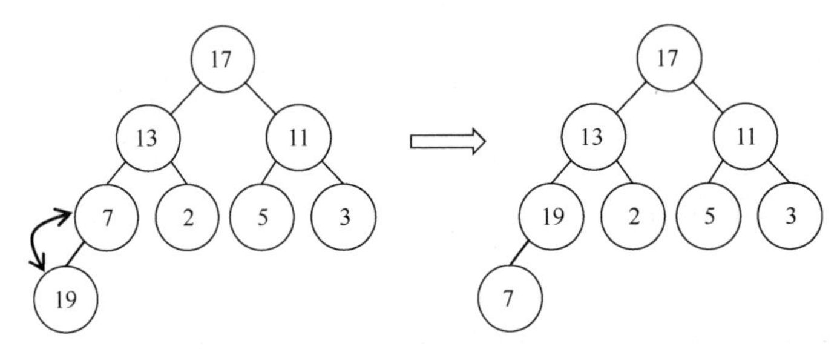

图 5-28　调整节点位置 1

值为 19 的节点继续与值为 13 的节点交换位置，如图 5-29 所示。

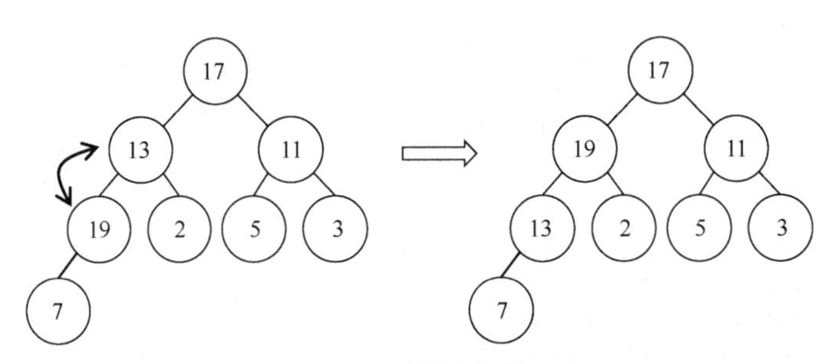

图 5-29　调整节点位置 2

值为 19 的节点继续与值为 17 的节点交换位置，如图 5-30 所示。

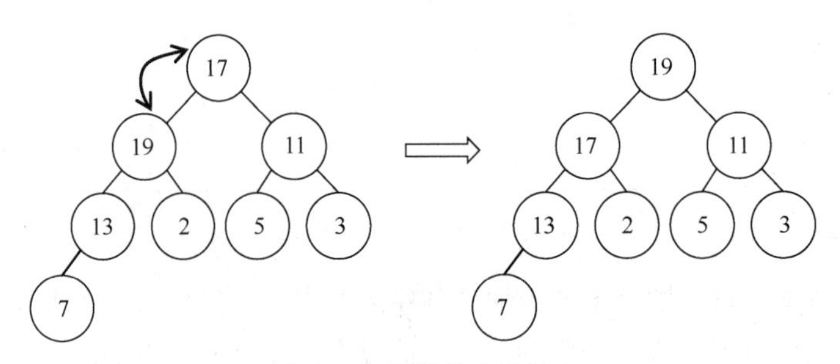

图 5-30　调整节点位置 3

此时，值为 19 的节点已经到达根节点，调整结束。

添加节点的方法如下：

Java：

```java
void add(ArrayList<Integer> arr,int i){
    arr.add(Integer.valueOf(i)) ;
    shiftUp(arr,arr.size()-1);
}
void shiftUp(ArrayList<Integer> arr,int i){
    if(i==1){
        return ;
    }
    int parent = (int)(i/2) ;
    if(arr.get(parent).intValue()<
                arr.get(i).intValue()){
        Integer temp = arr.get(parent) ;
        arr.set(parent,arr.get(i)) ;
        arr.set(i,temp) ;
        shiftUp(arr,parent) ;
    }
}
```

Python：

```python
def add(self,arr:[],n):
    arr.append(n)
    self.shiftUp(arr,len(arr)-1)
def shiftUp(self,arr:[],i):
    if i==1 :
        return
    parent = (int)(i/2)
    if arr[parent]<arr[i]:
        temp = arr[parent]
        arr[parent] = arr[i]
        arr[i] = temp
        self.shiftUp(arr,parent)
```

3. 删除节点

在堆中删除节点的思路如下。

① 把待删除的节点与最后一个节点交换位置。

② 删除最后一个节点。

③ 把与删除节点交换位置的节点向下调整至合适位置。

【例 5-10】对于【例 5-9】的大根堆，如果要删除值为 19 的节点，操作过程如下。

首先将值为 19 的节点与值为 7 的节点交换位置，如图 5-31 所示。

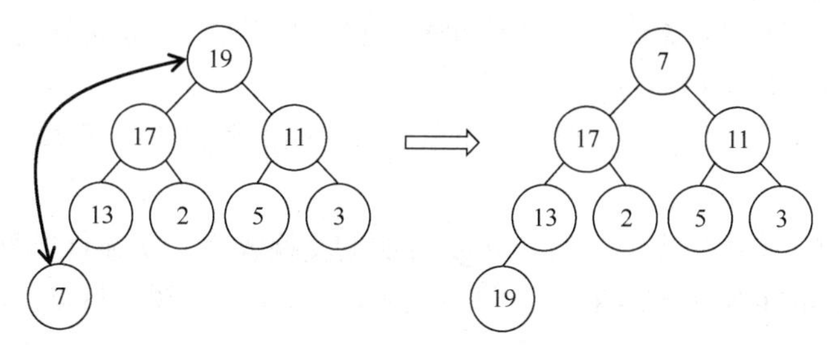

图 5-31 调整节点位置 1

将值为 19 的节点删除，如图 5-32 所示。

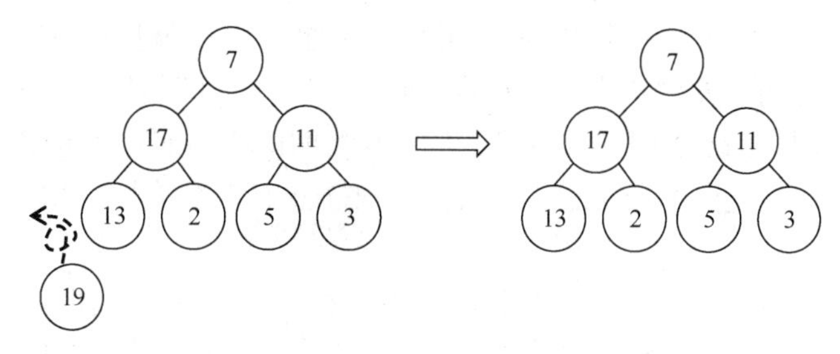

图 5-32 删除节点

对值为 7 的节点向下调整，先与值为 17 的节点交换位置，再与值为 13 的节点交换位置，如图 5-33 所示。

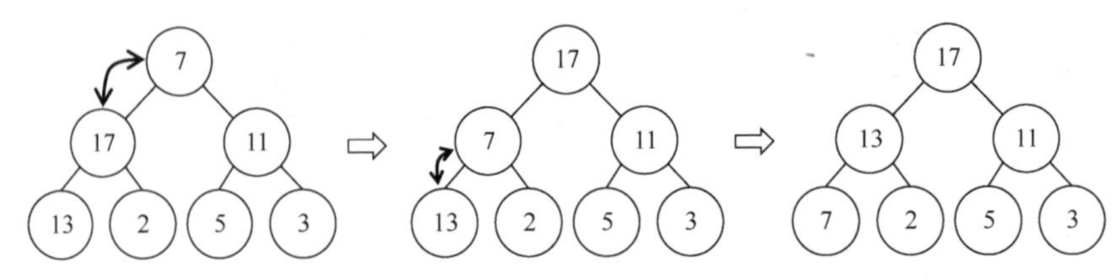

图 5-33　调整节点位置 2

删除操作结束。

删除节点的方法如下：

Java：

```java
void delete(ArrayList<Integer> arr,int i){
    int j = arr.size() - 1 ;
    Integer temp = arr.get(j) ; //交换
    arr.set(j,arr.get(i)) ;
    arr.set(i,temp) ;
    arr.remove(j) ; //删除
    shiftDown(arr,i) ; //向下调整
}
```

Python：

```python
def delete(self,arr:[],i): # i 表示待删除元素的位置
    j = len(arr)-1
    temp = arr[i]  #交换
    arr[i] = arr[j]
    arr[j] = temp
    arr.pop()  #删除
    self.shiftDown(arr,i) #向下调整
```

5.5.3　堆的算法分析

在堆中，向上调整和向下调整的操作次数不会大于二叉树的层数，所以单个节点的调整，其时间复杂度为 $\log_2 n$ 。

建堆时，需要对所有分支节点做向下调整，在完全二叉树中分支节点的个数为 $n/2$ ，所以建堆的时间复杂度为 $O(n\log_2 n)$ 。

增加节点和删除节点时，只需要对单个节点进行向上调整或向下调整，所以其时间复杂度为 $O(\log_2 n)$ 。

堆的插入和删除操作只需要进行 $O(\log_2 n)$ 次的交换操作，明显优于顺序表的 $O(n)$ 次操作。相较于链表，堆在逻辑上存在一定的顺序，并且兼具二叉树的特点，可以在算法的优化上起到明显的作用。

【例 5-11】假设有一个定时器，定时器中有很多定时任务，每个任务都设定了一个触发执行的时间点。

通常的做法：定时器每过一个很小的单位时间（如 1 秒），就扫描一遍任务，看是否有任务到达设定的执行时间。如果到达了，就拿出来执行。每过 1 秒就扫描一遍任务列表的做法比较低效，主要原因有两点：第一，任务的约定执行时间离当前时间可能还有很久，这样前面很多次扫描其实都是徒劳的；第二，每次都要扫描整个任务列表，如果任务列表很大，势必会很耗时。

针对这个问题，可以用优先级队列来解决。按照任务设定的执行时间，将这些任务存储在优先级队列中，队列首部（也就是小根堆的堆顶）存储的是最先执行的任务。

这样，定时器就不需要每隔1秒扫描一遍任务列表了。它把队首任务的执行时间点与当前时间点相减，得到一个时间间隔T。这个时间间隔T就是从当前时间点开始，执行第一个任务需要等待的时间。这样，定时器就可以设定在T秒之后，再来执行任务。从当前时间点到$T-1$秒这段时间里，定时器都不需要做任何事情。T秒之后，定时器取优先级队列中队首的任务执行。然后计算新的队首任务的执行时间点与当前时间点的差值，把这个值作为定时器执行下一个任务需要等待的时间。

如果有任务变更，比如任务的添加与删除，也不用在$O(n)$遍历整个任务列表，按照堆的添加、删除操作，只需要时间复杂度为$O(\log_2 n)$就可以，性能得到了提高。当然这是基于n值较大且动态操作（如添加、删除）较多的情况；如果n比较小，直接进行排序操作即可。

本章小结

本章主要介绍了树的基本概念，二叉树，树、森林与二叉树，哈夫曼树，堆。树的概念主要包括树的定义、相关概念和树的表示。在二叉树中，对二叉树的概念、性质、存储和遍历进行了深入的讲解。在哈夫曼树中，主要介绍了哈夫曼树的相关概念和算法，还对哈夫曼树的应用即哈夫曼编码进行了介绍。对于堆，介绍了堆的概念、操作和算法分析。

本章习题

1.【单选题】树最适合用来表示（　　）。

A. 有序数据元素　　B. 无序数据元素

C. 元素之间具有分支层次关系的数据　　D. 元素之间无联系的数据

2.【单选题】设a、b为一棵二叉树上的两个节点，在中序遍历时，a在b前面的条件是（　　）。

A. a在b的右方　　B. a在b的左方　　C. a是b的祖先　　D. a是b的子孙

3.【单选题】在一棵具有5层的满二叉树中节点总数为（　　）。

A. 31　　B. 32　　C. 33　　D. 16

4.【单选题】将含有83个节点的完全二叉树从根节点开始编号，根节点为1号，后面按从上到下、从左到右的顺序对节点编号，那么编号为41的节点的双亲节点编号为（　　）。

A. 42　　B. 40　　C. 21　　D. 20

5.【单选题】把一棵树转换为二叉树后，这棵二叉树的形态是（　　）。

A. 唯一的　　B. 有多种

C. 有多种，但根节点都没有左子节点　　D. 有多种，但根节点都没有右子节点

6.【单选题】已知在一棵度为3的树中，度为2的节点数为4，度为3的节点数为3，则该树中的叶子节点数为（　　）。

A. 5　　B. 8　　C. 11　　D. 14

7.【问答题】请写出图5-34所示的二叉树的先序遍历、中序遍历、后序遍历的序列。

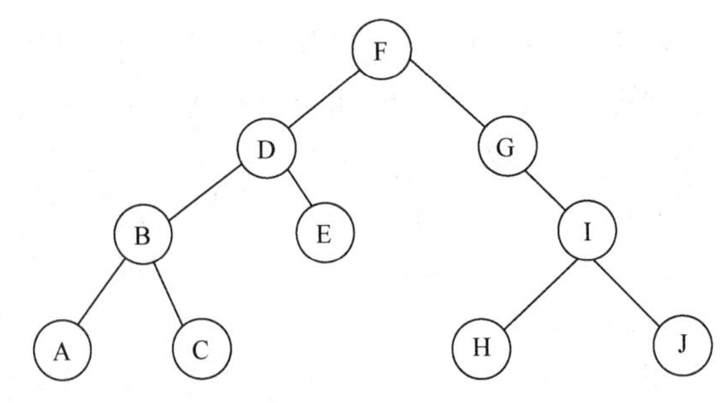

图 5-34　二叉树

8.【问答题】已知一棵二叉树的前序序列为 A→B→D→G→J→E→H→C→F→I→K→L，中序序列为 D→J→G→B→E→H→A→C→K→I→L→F。画出该二叉树的结构。

9.【问答题】已知某森林的二叉树如图 5-35 所示，试画出它所表示的森林。

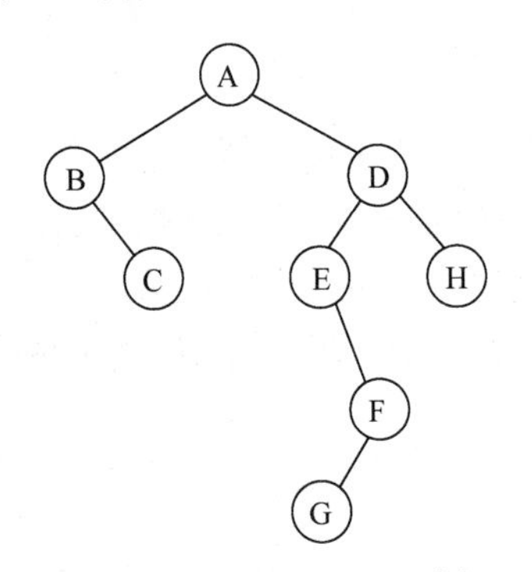

图 5-35　某森林的二叉树

10.【问答题】给定权值{7,18,3,32,5,26,12,8}，构造相应的哈夫曼树，并画出该树。

第 6 章　图

图是重要的非线性数据结构，表示数据元素之间多对多的关系。图允许任意节点互连，所以相较于树结构具备更强的灵活性。图是数据结构中一种用于描述复杂关系的模型，常被用于表示网络、地图、社交关系等。

6.1 图的概念

6.1

图是由顶点集合以及顶点间的关系集合组成的一种数据结构。通常用以下公式表示图的集合的构成：

$$G=(V,E)$$

G：图的集合表示。

V：非空有限集合，图中的数据元素称为顶点。

E：边的集合，表示顶点之间的关联，图中顶点偶对称为边。

6.1.1 图的相关术语

图和树一样，具有相关的术语。其中有些术语的含义和树中的术语一样，只是描述的对象不同。有些术语和树中的术语类似，但需要注意区别。

1. 无向图

在图中，若顶点 v_i 到 v_j 之间的边没有方向，则称这条边为无向边，用无序偶对 (v_i, v_j) 来表示。如果图中任意两个顶点之间的边都是无向边，则称该图为无向图。图 6-1 所示为无向图，v_1 、v_2 之间的边可以用(v_1,v_2)表示。

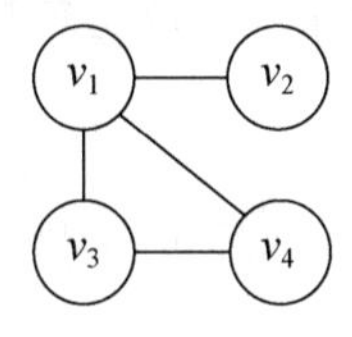

图 6-1　无向图

2. 有向图

若从顶点 v_i 到 v_j 的边是有方向的，则称这条边为有向边，也称为弧。用有序对$<v_i,v_j>$表示，v_i 称为弧尾，v_j 称为弧头，则称该图为有向图。如图 6-2 所示，v_1、v_2、v_3、v_4 及它们的关系集合构成一个有向图，其中$<v_1,v_2>$为有向边。

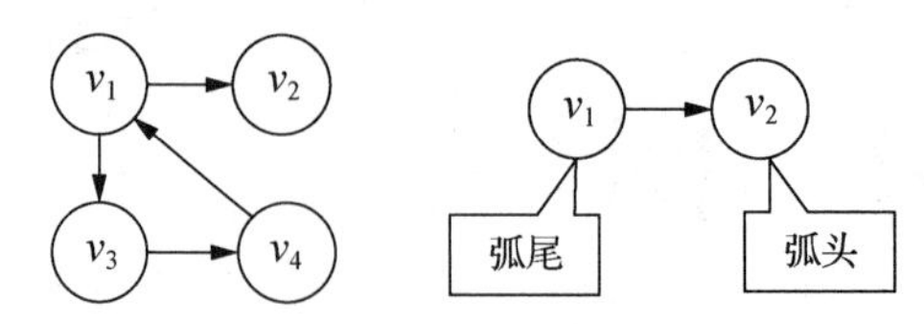

图 6-2　有向图

3．完全图

在无向图中，如果边的取值范围是$[0,\frac{n(n-1)}{2}]$，则有$\frac{n(n-1)}{2}$条边的无向图是完全图，如图 6-3（a）所示。

在有向图中，如果边的取值范围是$[0,n(n-1)]$，则有$n(n-1)$条弧的有向图是完全图，如图 6-3（b）所示。

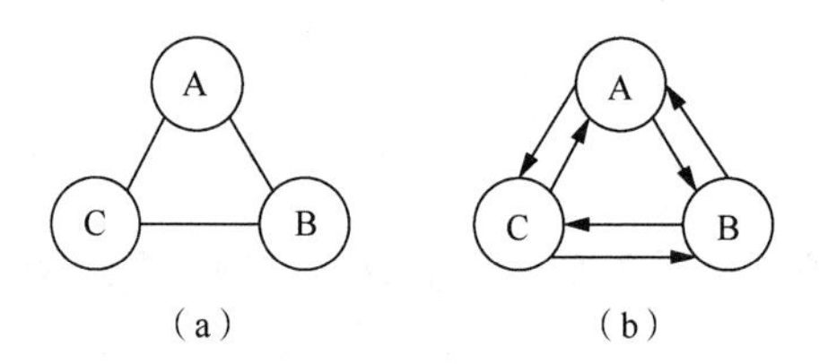

图 6-3　完全图

4．邻接点

无向图$G=(V,E)$，若边$(v_i,v_j)\in E$，则顶点v_i和v_j互为邻接点，即v_i和v_j邻接。边(v_i,v_j)与顶点v_i、v_j相关联。

有向图$G=(V,E)$，如果弧$<v_i,v_j>\in E$，则顶点v_i邻接v_j或v_j邻接于v_i。弧$<v_i,v_j>$与顶点v_i、v_j相关联。

5．度

对于图中顶点，它的度是与它相关联的边的条数。假设顶点记作v_i，则它的度记作$D(v_i)$。在有向图中，顶点的度等于该顶点的入度与出度之和。顶点v_i的入度是以v_i为终点的有向边的条数，记作$ID(v_i)$；顶点v_i的出度是以v_i为出发点的有向边的条数，记作$OD(v_i)$。

6．子图

设有两个图$G=(V,E)$和$G'=(V',E')$，若$V'\subseteq V$且$E'\subseteq E$，则称图G'是图G的子图。

7．权

在图的每条边上加一个系数称作权，带权图也称为网。

8．路径

在图$G=(V,E)$中，若从顶点v_i出发，沿一些边经过一些顶点$v_{p1},v_{p2},\ldots,v_{pm}$，到达顶点$v_j$，则称顶点序列$(v_i,v_{p1},v_{p2},\cdots,v_{pm},v_j)$为从顶点$v_i$到顶点$v_j$的路径。

（1）路径长度。

非带权图的路径长度是指此路径上边的条数，带权图的路径长度是指路径上各边的权之和。

（2）简单路径。

如果路径上的各顶点均不互相重复，则称这样的路径为简单路径。

（3）回路。

若路径上第一个顶点 v_1 与最后一个顶点 v_m 重合，则称这样的路径为回路或环。

9. 连通图

在无向图中，若从顶点 v_1 到顶点 v_2 有路径，则称顶点 v_1 与 v_2 是连通的。如果图中任意一对顶点都是连通的，则称此图是连通图。非连通图的极大连通子图叫作连通分量。

（1）连通分量。

连通分量是指无向图的极大连通子图。显然任何连通图的连通分量只有一个，即本身。而非连通图有多个连通分量，各个连通分量之间是分离的，没有任何边相连。

（2）强连通图。

在有向图中，若对于每一对顶点 v_i 和 v_j 都存在一条从 v_i 到 v_j 和从 v_j 到 v_i 的路径，则称此图是强连通图。非强连通图的极大强连通子图叫作强连通分量。有向图的极大强连通子图称为强连通分量。任何强连通图的强连通分量只有一个，即图本身，而非强连通图有多个强连通分量，各个强连通分量内部的任意顶点是互通的，在各个强连通分量之间可能有边也可能没有边。

6.1.2 图的存储结构

根据图的定义，图主要由两个集合构成：顶点的集合以及顶点关联的集合。所以在计算机中，图的各种存储形式的区别也就是图中的顶点及其关联的表达形式的区别。有的存储结构以牺牲存储空间为代价表达所有顶点之间的关联关系，并能够使操作方便。有的存储结构侧重于以较小的存储空间完整表达图的所有内涵，有的存储结构在存储空间和操作方便之间折中。

1. 邻接矩阵

邻接矩阵的主要特征是用一个二维数组存放顶点间关系（边或弧）。

在图中，若 G 是一个具有 n 个顶点的图，则 G 的邻接矩阵是一个 $n \times n$ 的矩阵。矩阵的每一行和每一列分别表示图的顶点 $v_1, v_2, \cdots, v_p$。矩阵内的数据 a_{ij} 表示对应行所表示的顶点 v_i 与对应列所表示的顶点 v_j 之间的关联，若 v_i 到 v_j 存在边 (v_i, v_j) 或弧 $<v_i,v_j>$，则 a_{ij} 记为 1；否则记为 0。

无向图中 (v_i, v_j) 与 (v_j, v_i) 是对等的，所以邻接矩阵对角对称，如图 6-4 所示。

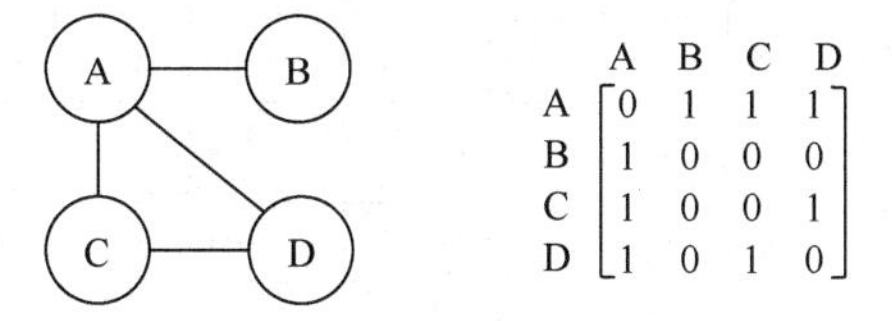

图 6-4 无向图的邻接矩阵

由于无向图的邻接矩阵对角对称，所以有将近一半的数据是重复的，在存储的时候可以只存储不重复的部分。对于无向邻接矩阵，存储时是可以压缩的。有 n 个顶点的无向图需存储空间为 $\frac{n(n+1)}{2}$。有向图的邻接矩阵则不一定对称，所以有 n 个顶点的有向图需存储空间为 n^2。

无向图中顶点 v_i 的度 $TD(v_i)$ 是邻接矩阵中第 i 行元素之和。

有向图中，顶点 v_i 的出度是 A 中第 i 行元素之和；顶点 v_i 的入度是 A 中第 i 列元素之和，如图 6-5 所示。

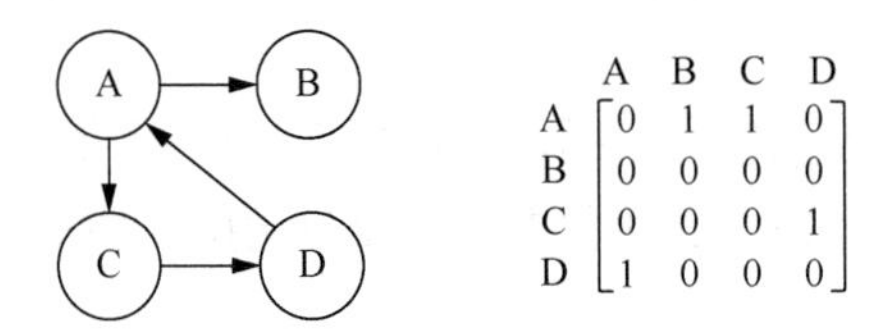

图 6-5　有向图的邻接矩阵

在带权图中，若 (v_i, v_j) 是图的边，a_{ij} 值设置为对应边的权值，如图 6-6 所示。

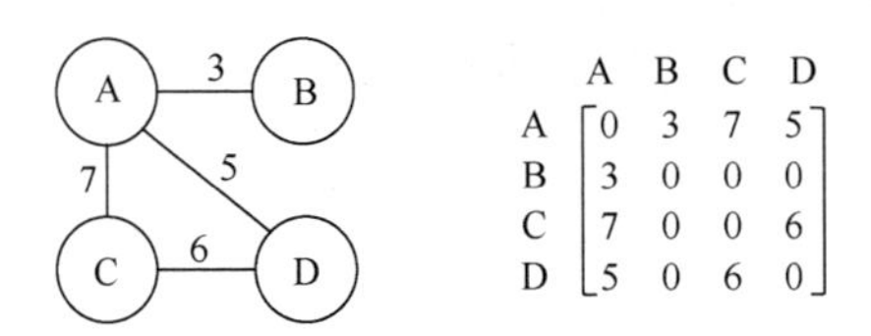

图 6-6　带权图的邻接矩阵

2. 邻接表

邻接表中包含两个部分：顶点表与边表。

顶点表包含图中各个顶点。顶点表包含数据域与指针域，数据域存储顶点的名称或其他信息，指针域的每个节点中指针指向边表的第一个节点。

边表是链表，顶点表中的每个节点是对应边表的头节点。边表把同一个顶点发出的边连接在同一个链表中，链表的每一个节点代表一条边。边表节点中保存着与某顶点相关联的另一顶点和指向下一个表节点的指针。

【例 6-1】以图 6-7 为例，图中各个顶点存储在一张顶点表中，顶点表中的每一个顶点都有一个指针。

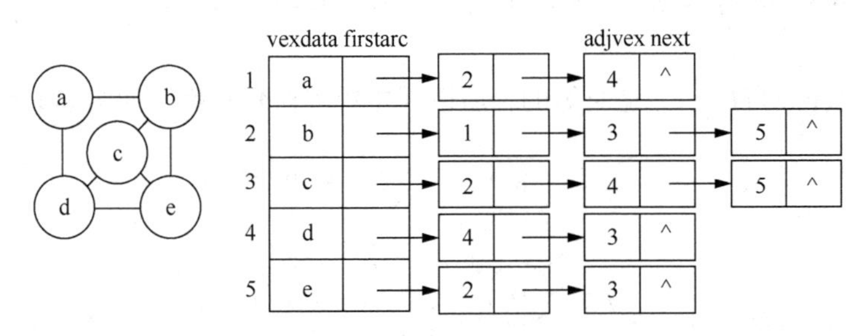

图 6-7　无向图的邻接表

在第一行中存储顶点 a，同时有一个指针指向下一个节点。节点内的数据为 2，表示这个节点为顶点表的第二行元素，即 b，这个节点表示 b 是 a 的邻接点，节点内又有一个指针指向下一个节点。节点内的数据为 4，表示这个节点为顶点表的第四行元素，即 d，这个节点表示 d 是 a 的邻接点，此节点的指针指向空，即表示对于 a 没有其他邻接点了，此行链表结束。

对于有向图，顶点表中的每个顶点表示的是弧尾的点，链表中的各个点表示的是对应的各个弧头的点，如图 6-8 所示。

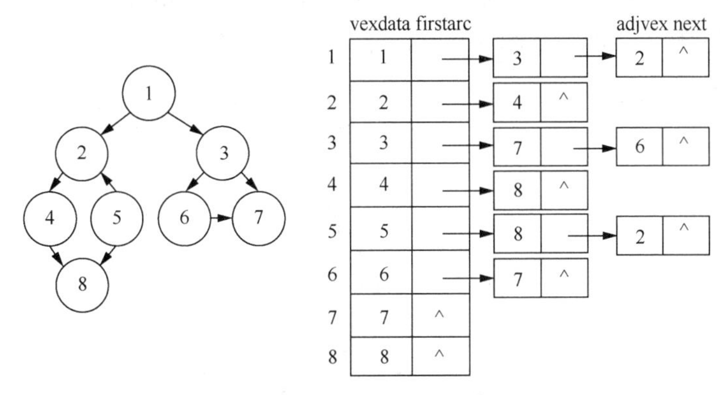

图 6-8　有向图的邻接表

3. 十字链表

在第 2 章我们介绍过十字链表表示法，十字链表表示法适用于存储有向图和有向网。十字链表存储有向图（网）的方式与邻接表的类似，都以图（网）中各顶点为首元节点并建立多条链表，同时为了便于管理，还将所有链表的首元节点存储到同一数组（或链表）中。

十字链表实质上就是为每个顶点建立两个链表，每个顶点的两个链表分别存储以该顶点为弧头的所有顶点和以该顶点为弧尾的所有顶点。

弧头相同的弧在同一链表上，弧尾相同的弧也在同一链表上。它们的头节点即顶点节点，它由 3 个域组成：data 域，存储和顶点相关的信息；firstin 域和 firstout 域，分别指向以该顶点为弧头或弧尾的第一个弧节点。十字链表顶点表元素结构如图 6-9 所示。

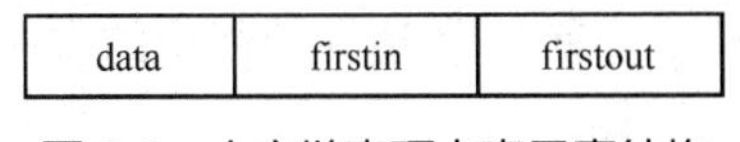

图 6-9　十字链表顶点表元素结构

在弧节点中有 4 个域：尾域（tailvex）和头域（headvex），分别指示弧尾和弧头这两个顶点在图中的编号；链域（hlink）指向弧头相同的下一条弧；链域（tlink）指向弧尾相同的下一条弧。十字链表弧节点结构如图 6-10 所示。

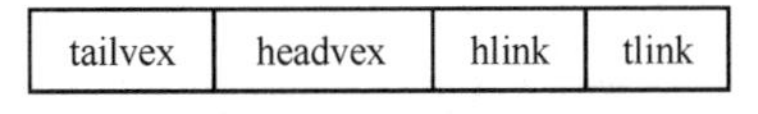

图 6-10　十字链表弧节点结构

【例 6-2】图 6-11 所示为一个图的十字链表。

十字链表的顶点表存储了图的各个顶点 1、2、3、4。

顶点表的第一行表示的是图中的 1 号顶点，同时还有两个指针，分别指向第一个以 1 号顶点为弧头和弧尾的弧，一个指向<1,2>弧，一个指向<3,1>弧。指向<1,2>的弧横向又指向了<1,3>，所以横向链表表示的是以 1 号顶点为弧尾的弧。<3,1>弧的纵向指针指向了<4,1>，所以纵向链表表示的是以 1 号顶点为弧头的弧。

通过横向链表，可以找到所有以该顶点为弧尾的弧。通过纵向链表，可以找到所有以该顶点为弧头的弧。十字链表相较于邻接表，增加了相同弧头的链表，指针信息更加丰富，用于查找顶点之间间接关联的信息比较方便。

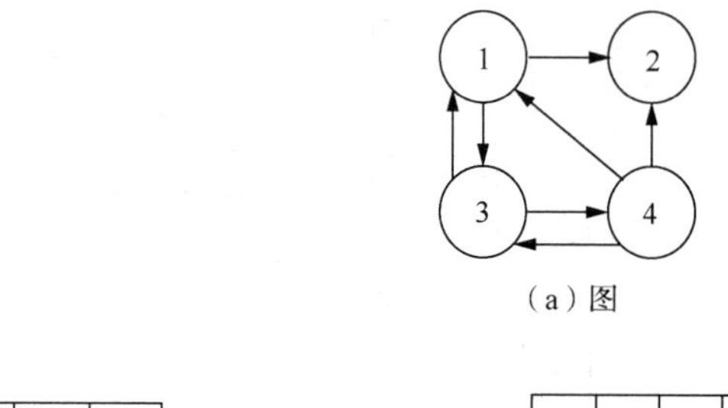

（a）图

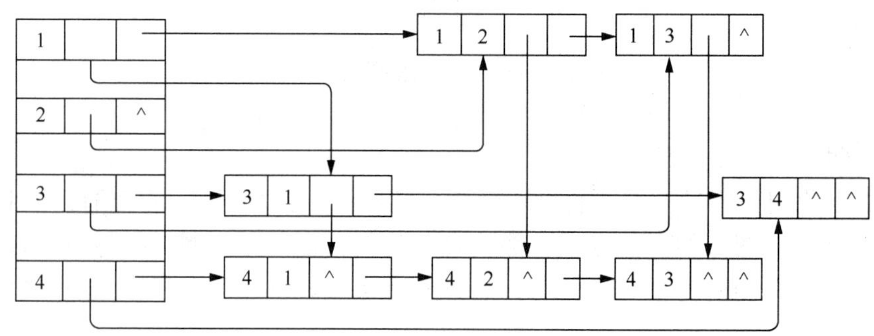

（b）该图的十字链表

图 6-11　图的十字链表

4. 边集数组

边集数组是利用一维数组存储图中所有边表示图的一种方法。该数组中所含元素的个数要大于等于图中边的条数，每个元素用来存储一条边的起点、终点（对于无向图，可选定边的任意端点为起点或终点）和权（若有），各边在数组中的次序可任意安排，也可根据具体要求而定。

【例 6-3】图 6-12 表示了某无向带权图的边集数组。对于无向图，边的起点和终点是可以任选的，本例按顶点序号从小到大确定起点和终点。此边集数组的每一列表示一个数据元素。第一列表示的是 1 号顶点和 2 号顶点之间存在边，权值为 3。第二列表示 1 号顶点和 4 号顶点之间存在边，权值为 2……依次不重复地表示出图中的每一条边，其中既包含边的信息也包含顶点的信息。边集数组结构紧密，所占存储空间小，但是用于查找图中顶点之间间接关联的信息比较困难。

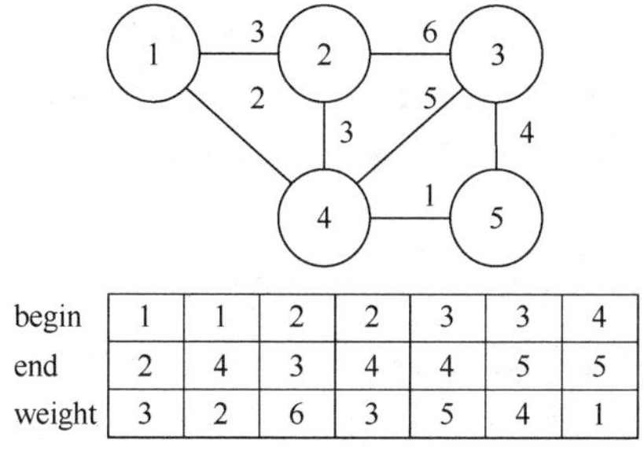

begin	1	1	2	2	3	3	4
end	2	4	3	4	4	5	5
weight	3	2	6	3	5	4	1

图 6-12　边集数组结构组

6.2 图的遍历

6.2

图的遍历与树的遍历相似，遍历的目标是不重复地访问图中的每一个顶点。它与树的遍历的主要区别是，图的遍历中有可能会遇到回路，要避免陷入死循环。图的遍历的主要方法有深度优先遍历、广度优先遍历等。

6.2.1 深度优先遍历

图的深度优先遍历类似树的深度优先遍历，具体方法如下。

① 设初始状态：图中所有顶点都没被访问过。

② 从图中某一顶点 v_0 出发，访问 v_0，然后访问与 v_0 邻接但未被访问过的任意顶点 v_1。

③ 访问与 v_1 邻接但未被访问过的任意顶点 v_2。

④ 当到达某顶点时，发现其所有邻接点均被访问过，则退回到最近被访问过的前一顶点。

⑤ 若当前顶点还有邻接点未被访问过，从未被访问过的顶点中，任取一顶点，重复这一过程。若所有邻接点被访问过，则再退回。

⑥ 如此重复，直到所有顶点均被访问过为止。

【例 6-4】 在图 6-13 中，从 A 点出发，对图进行深度优先遍历。

从 A 点出发，可以任选一条路径访问下一个顶点，本例中按字母顺序访问。

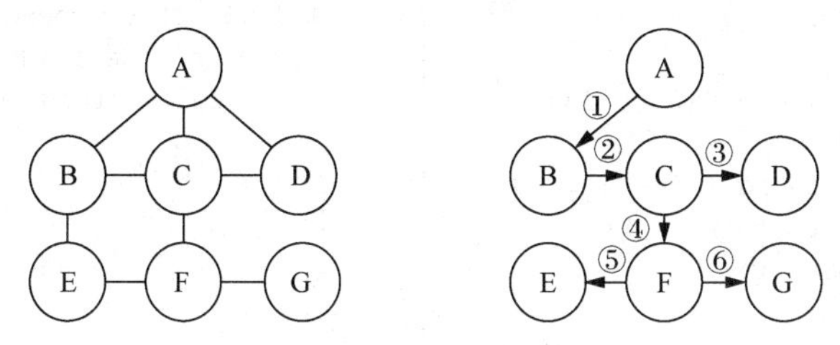

图 6-13　深度优先遍历

① 从 A 点出发，访问完 A 点后，优先访问 B 点。

② 访问 B 点的下一个邻接点 C。

③ 访问 C 点的下一个邻接点 D。

④ D 点的邻接点都已经被访问过，退回 C 点，访问 C 点的下一个邻接点 F。

⑤ 访问 F 点的下一个邻接点 E。

⑥ E 点没有可访问的邻接点，退回 F 点，访问 F 点的下一个邻接点 G。

所得到的深度优先遍历序列为：A→B→C→D→F→E→G。

如果从 A 点出发，按字母逆序访问，得到的深度优先遍历序列为：A→D→C→F→G→E→B。

对于深度优先遍历，根据策略不同，所得到的序列差异可以很大。

在本例的程序实现中，使用邻接表的方式表示图。在 Java 中，可以用 ArrayList 表示顶点的邻接点；在 Python 中，可以用列表表示顶点的邻接点。这样在操作时可以更方便。对于顶点的描述可以定义如下。

Java:

```java
public class MapNode {
    String data ;
    ArrayList<MNode> adjNodes =
                new ArrayList<MNode>();
    MNode(String data){
        this.data = data ;
    }
}
```

Python:

```python
class  MapNode:
    def __init__(self,data):
        self.data = data
        self.adjNodes = [ ]
```

在遍历时，需要设一个 visited 集合，用于存储已访问过的顶点，避免重复访问。同时，如果图是非强连通图，有些顶点可能不能被访问到，所以可以以不同的顶点为出发点依次开始遍历，这样可以保证所有的顶点都被访问到。

Java 代码 6-1

Python 代码 6-1

深度优先遍历算法如下：

Java:

```java
void DFS(){
    visited = new ArrayList<MapNode>() ;
    for(MapNode node : nodelist){
        DFSNode(node) ;
    }
}
void DFSNode(MapNode node){
    if(visited.contains(node)){
        return ;
    }
    System.out.print(node.data+"  ");
    visited.add(node) ;
    for(MapNode n:node.adjNodes){
        if(!visited.contains(n)){
            DFSNode(n) ;
        }
    }
}
```

Python:

```python
def dsf(self):
    self.visited.clear()
    for node in self.map:
        self.dsfNode(node)
def dsfNode(self,node:MapNode):
    if node in self.visited:
        return
    print(node.data,end="  ")
    self.visited.append(node)
    for n in node.adjNodes:
        self.dsfNode(n)
```

6.2.2 广度优先遍历

图的广度优先遍历类似树的层次遍历，具体方法如下。

① 假设初始状态是图中所有顶点都没被访问过。

② 从图中某一顶点 v_0 出发，访问 v_0。

③ 然后访问 v_0 的全部邻接点 v_1、v_2、……

④ 从这些被访问的顶点出发，逐次访问它们的邻接点（已被访问的顶点除外）。

⑤ 依此类推，直到所有顶点都被访问。

【例 6-5】从 A 点出发，对图 6-14 进行广度优先遍历。

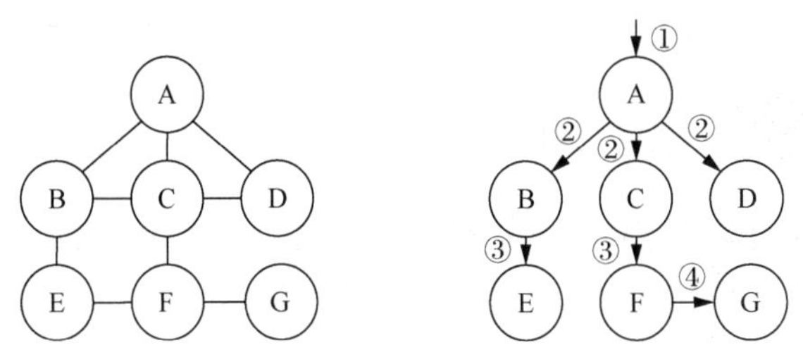

图 6-14 广度优先遍历

本例中，同一个顶点的邻接点，按字母顺序访问。

① 首先访问 A 点。

② 访问距 A 点路径长度为 1 的点 B、C、D。

③ 访问距 A 点路径长度为 2 的点 E、F。

④ 访问距 A 点路径长度为 3 的点 G。

所得到的广度优先遍历序列为：A→B→C→D→E→F→G。

如果从 A 点出发，按字母逆序访问，得到的广度优先遍历序列为：A→D→C→B→F→E→G。

对于广度优先遍历，根据策略不同，所得到的序列可以不同，但由于层次不发生变化，所以差异不大。

对于图 6-14，仍然使用邻接点表示图。在遍历时，同样需要设一个 visited 集合，用于存储已访问过的顶点，避免重复访问。同样以不同的顶点为出发点依次开始遍历，保证所有的顶点都被访问到。与深度优先遍历有区别的是，广度优先遍历需要使用一个队列作为辅助，以规范访问顺序。

Java 代码 6-2

Python 代码 6-2

广度优先遍历算法如下：

Java:

```java
void BFS(){
    visited = new ArrayList<MapNode>() ;
    queue = new LinkedList<MapNode>() ;
    for(MapNode node:nodelist){
        queue.add(node) ;
        while(!queue.isEmpty()){
            MapNode n = queue.poll() ;
            if(visited.contains(n)){
                continue ;
            }
            System.out.print(n.data+"  ") ;
            visited.add(n) ;
            for(MapNode
```

Python:

```python
def bsf(self):
    self.visited.clear()
    q = Queue()
    for node in self.map:
        q.put(node)
        while not q.empty():
            n = q.get()
            if n in self.visited:
                continue
            print(n.data,end="  ")
            self.visited.append(n)
            for adj in n.adjNodes:
                q.put(adj)
```

```
                                gnode:n.adjNodes){
                            if(!visited.contains(gnode)){
                                queue.add(gnode) ;
                            }
                        }
                    }
                }
            }
```

6.3 图的应用

6.3

在日常生活中，我们经常使用图的相关算法解决现实问题。本节将介绍用贪心算法与克鲁斯卡尔算法解决寻找图的最小生成树问题的方法。对于拓扑排序问题和关键路径问题，本节也将介绍相应的解决算法。对于寻找最短路径问题，本节主要介绍的是迪杰斯特拉算法与弗洛伊德算法。

6.3.1 最小生成树

对于一个图，它的生成树是一个极小连通子图，含有图中全部顶点，但只有 $n-1$ 条边。如果在生成树上添加 1 条边，必定构成一个环。若图中有 n 个顶点，边却少于 $n-1$ 条边，必为非连通图。

生成森林：由若干棵生成树组成，含全部顶点，但构成这些树的边是最少的。

图的生成树不是唯一的，从不同的顶点出发，能得到不同的生成树。对于带权图，各边权值的和最小的生成树，称为最小生成树。

如图 6-15 所示，假设要在 A、B、C、D、E 这 5 个城市之间铺设光缆，使得这 5 个城市的任意两个都可以通信，但在各个城市之间铺设光缆的费用不同，为达到铺设光缆的总费用最低的目标，需要找到带权的最小生成树。寻找最小生成树可以使用贪心算法与克鲁斯卡尔算法，具体内容如下。

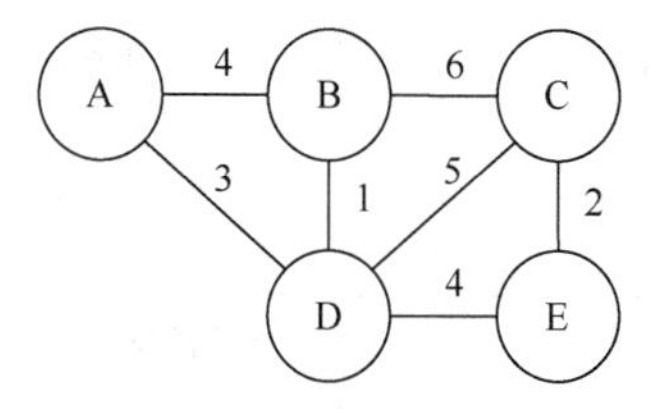

图 6-15 最小生成树

1. 贪心算法

贪心算法是指，在求解问题时，总是做出在当前看来是最好的选择。也就是说，不从整体最优上加以考虑，算法得到的是在某种意义上的局部最优解。

贪心算法不是对所有问题都能得到整体最优解，但是在求最小生成树问题上适用。

用贪心算法求最小生成树，对于原图，首先生成所有顶点的集合 V，然后生成两个空集，分别用于存放已确定顶点的集合 U 和已确定边的集合 TE。以图中任意一个顶点为起点，将这个顶点加入已确定顶点的集合 U。U 中的每一个顶点与 $V-U$ 中的每一个顶点相关联的所有边中权值最小的边，就是当前轮次确定的边，加入 *TE*，将这条边中不在 *U* 内的另一个顶点加入 *U*。每次向 *U* 加入一个顶点，向 *TE* 加入一条边。直到 *U*=*V*，此时（*U*,*TE*）即此图的最小生成树。

【例 6-6】图 6-16 展示了对图 6-15 用贪心算法求最小生成树的过程。

图中所有顶点的集合 $V=\{A,B,C,D,E\}$。初始状态：已确定顶点的集合 *U*={ }，已经确定边的集合 *TE*={ }。

① 设以 A 点为起点，将 A 点加入 *U*，$U=\{A\}$。

② $U=\{A\}$ 中的各顶点与 $V-U=\{B,C,D,E\}$ 中的各顶点相关联的边中权值最小的边为(A,D)，将 D 点加入 *U*，$U=\{A,D\}$，将(A,D)加入 *TE*，$TE=\{(A,D)\}$。

③ $U=\{A,D\}$ 中的各顶点与 $V-U=\{B,C,E\}$ 中的各顶点相关联的边中权值最小的边为(B,D)，将 B 点加入 *U*，$U=\{A,B,D\}$，将(B,D)加入 *TE*，$TE=\{(A,D),(B,D)\}$。

④ $U=\{A,B,D\}$ 中的各顶点与 $V-U=\{C,E\}$ 中的各顶点相关联的边中权值最小的边为(D,E)，将 *E* 点加入 *U*，*U*={A,B,D,E}，将(D,E)加入 *TE*，$TE=\{(A,D),(B,D),(D,E)\}$。

⑤ $U=\{A,B,D,E\}$ 中的各顶点与 $V-U=\{C\}$ 中的各顶点相关联的边中权值最小的边为(C,E)，将 C 点加入 *U*，$U=\{A,B,C,D,E\}$，将(C,E)加入 *TE*，$TE=\{(A,D),(B,D),(D,E),(C,E)\}$。

至此，$U=V$，此时 $(U,TE)=(\{A,B,C,D,E\},\{(A,D),(B,D),(D,E),(C,E)\})$ 即本例求得的图的最小生成树。

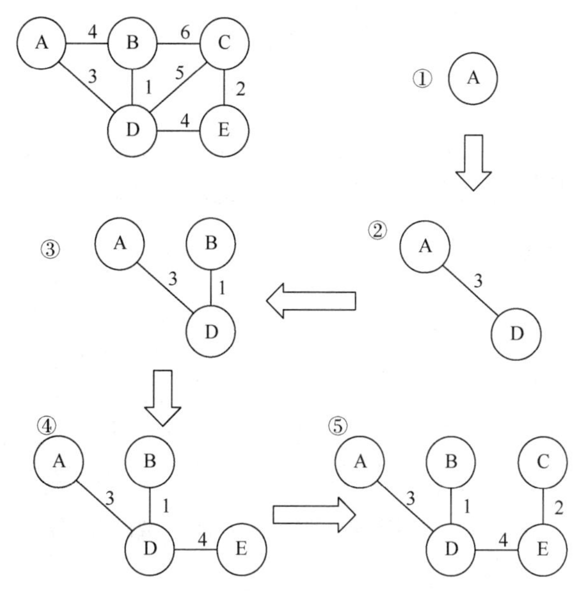

图 6-16 用贪心算法求最小生成树的过程

2. 克鲁斯卡尔算法

克鲁斯卡尔算法是指，将带权图中所有的边按照权值大小升序排列，从权值最小的边开始选择，只要此边不和已选择的边一起构成环路，就可以选择它组成最小生成树。对于有 *N* 个顶点的连通网，挑选出 *N*−1 条符合条件的边，这些边组成的生成树就是最小生成树。

【例 6-7】图 6-17 展示了对图 6-15 用克鲁斯卡尔算法求最小生成树的过程。

本例中，先将所有的边按权值大小升序排列，可以得到带权的边的集合 $TE=\{(B,D,1),(C,E,2),(A,D,3),(A,B,4),(D,E,4),(C,D,5),(B,C,6)\}$。生成确定边的集合 $TE'=\{\}$，初始为空集。

① 在 TE 中取第一个带权的边(B,D,1)，若加入 TE'，不会构成环路，即可以确定(B,D,1)加入 TE'，$TE'=\{(B,D,1)\}$。

② 在 TE 中取第二个带权的边(C,E,2)，若加入 TE'，不会构成环路，即可以确定(C,E,2)加入 TE'，$TE'=\{(B,D,1),(C,E,2)\}$。

③ 在 TE 中取第三个带权的边(A,D,3)，若加入 TE'，不会构成环路，即可以确定(A,D,3)加入 TE'，$TE'=\{(B,D,1),(C,E,2),(A,D,3)\}$。

④ 在 TE 中取第四个带权的边(A,B,4)，若加入 TE'，会构成环路，所以跳过这条边。在 TE 中取第五个带权的边(D,E,4)，若加入 TE'，不会构成环路，即可以确定(D,E,4)加入 TE'，$TE'=\{(B,D,1),(C,E,2),(A,D,3),(D,E,4)\}$。

至此，5 个顶点构成的图中已经确定 4 条边，此时({A,B,C,D,E},{(B,D,1), (C,E,2), (A,D,3), (D,E,4)})即本例求得的图的最小生成树。

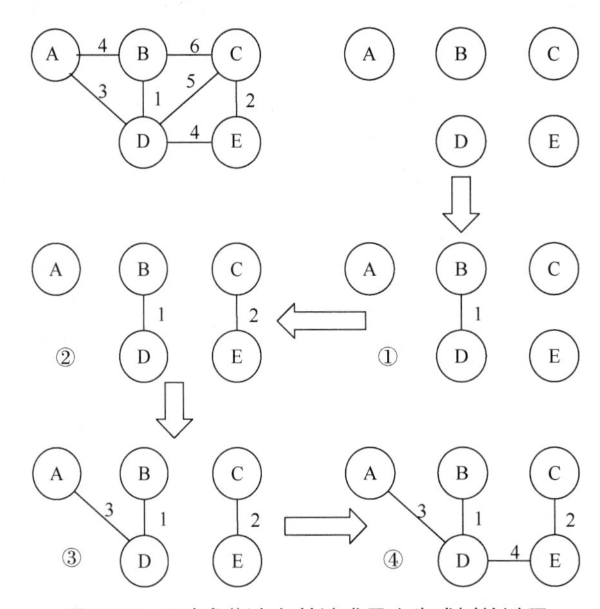

图 6-17　用克鲁斯卡尔算法求最小生成树的过程

6.3.2　拓扑排序问题

有向无环图（Directed Acyclic Gragh，DAG）：一个无环（回路）的有向图叫作有向无环图。

AOV 网（Activity on Vertex Network，AOV）：顶点表示活动的网。顶点表示活动，弧表示活动间的先后关系。AOV 网中没有回路。

给出有向图 $G=(V,E)$，对于 V 中的顶点的线性序列 $v_1,v_2\cdots$，如果满足如下条件：若在 G 中从顶点 v_i 到 v_j 有一条路径，则在序列中顶点 v_i 必在顶点 v_j 之前，称该序列为 G 的一个拓扑序列。构造有向图的一个拓扑序列的过程称为拓扑排序。

如果按照拓扑序列中的顶点次序进行每一项活动，就能够保证在开始每一项活动时，其所有前驱活动均已完成，从而使整个活动按顺序执行。

拓扑排序的实现思想如下。

① 从有向图中任选一个入度为 0 的顶点并访问。对所有以它为尾的弧，弧头顶点的入度减 1。

② 删除该顶点和所有以它为尾的弧。

重复上述两步，直至全部顶点均已访问，或当图中不存在度为 0 的顶点为止。

如果图中不存在度为 0 的顶点且仍有顶点未访问，则说明图中存在环，不适合用拓扑排序。

【例 6-8】某给水排水工程的施工过程如图 6-18 所示。如果现在只有一名工人做整个工程，每次只能做一项活动，他应怎样安排所做事情的先后顺序，才能顺利完成此项工程。

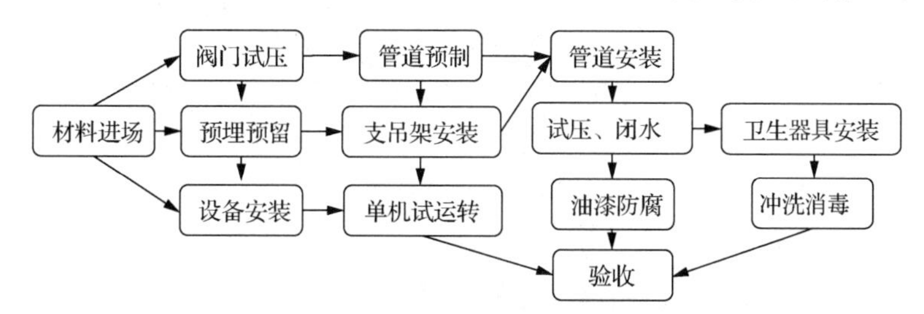

图 6-18　某给水排水工程的施工过程

用顶点表示施工的各个活动，施工过程可以表示成图 6-19 所示的有向无环图。

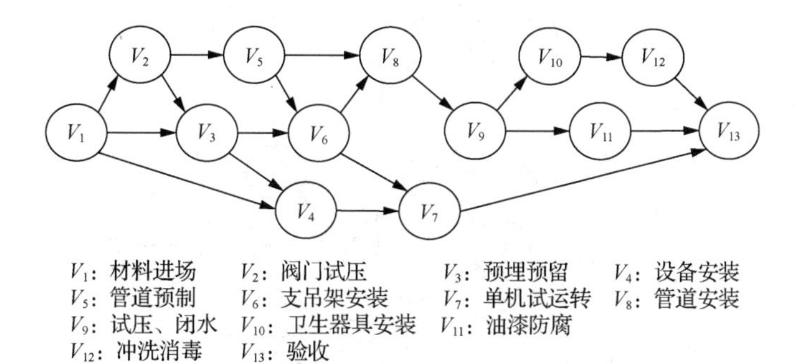

图 6-19　给排水工程的施工过程的有向无环图

本例中，每次从图中任选一个入度为 0 的顶点并访问，如果度为 0 的顶点不唯一，可以按顶点序号升序访问。对所有以它为尾的弧，弧头顶点的入度减 1，删除该顶点和所有以它为尾的弧，直到所有顶点都被访问。拓扑排序过程如图 6-20 所示。

图 6-20 的初始状态下，只有顶点 V_1 的入度为 0，所以先访问 V_1，同时将以 V_1 为尾的弧，弧头顶点的入度减 1，并将 V_1 从图中取出。接下来图中只有顶点 V_2 的入度为 0，访问 V_2，同时将以 V_2 为尾的弧，弧头顶点的入度减 1，并将 V_2 从图中取出。此时 V_3 和 V_5 的入度都为 0，

按顺序先访问 V_3，将以 V_3 为尾的弧，弧头顶点的入度减 1，并将 V_3 从图中取出……依此类推，可以将所有的顶点都访问到，得到的访问顺序 $V_1 \to V_2 \to V_3 \to V_4 \to V_5 \to V_6 \to V_7 \to V_8 \to V_9 \to V_{10} \to V_{11} \to V_{12} \to V_{13}$ 即拓扑排序序列。

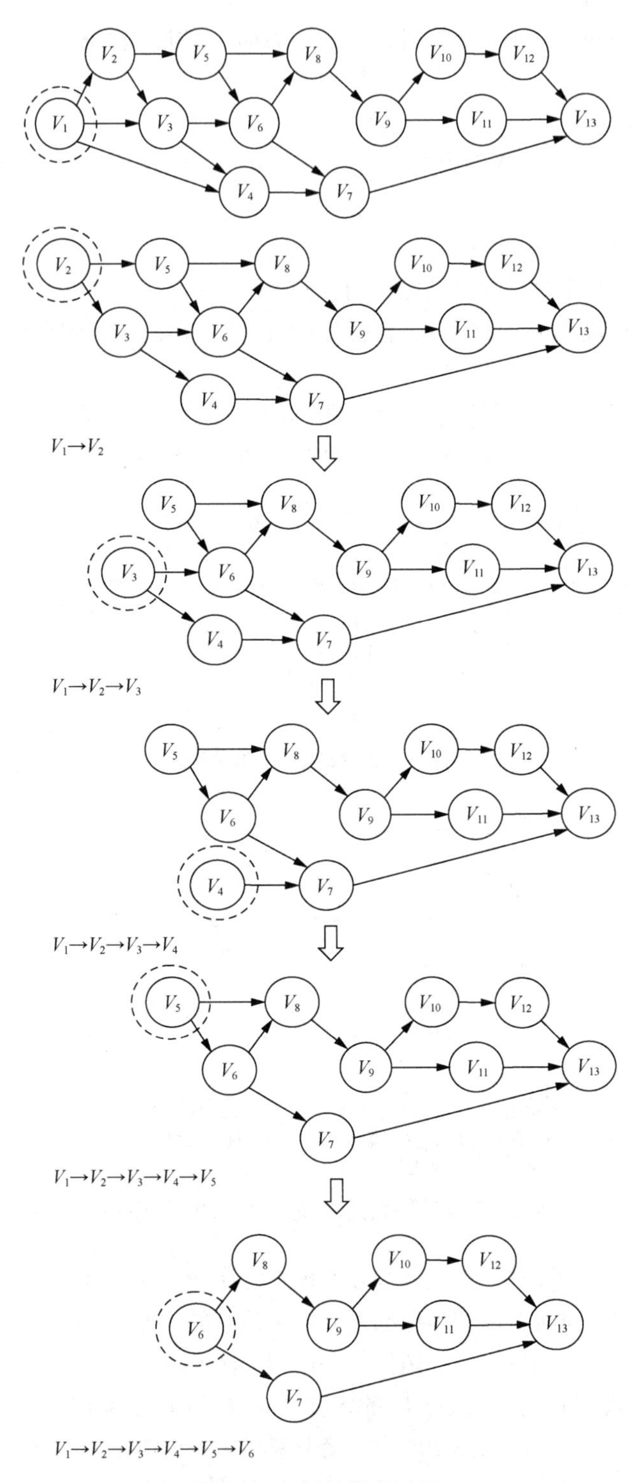

图 6-20　拓扑排序过程

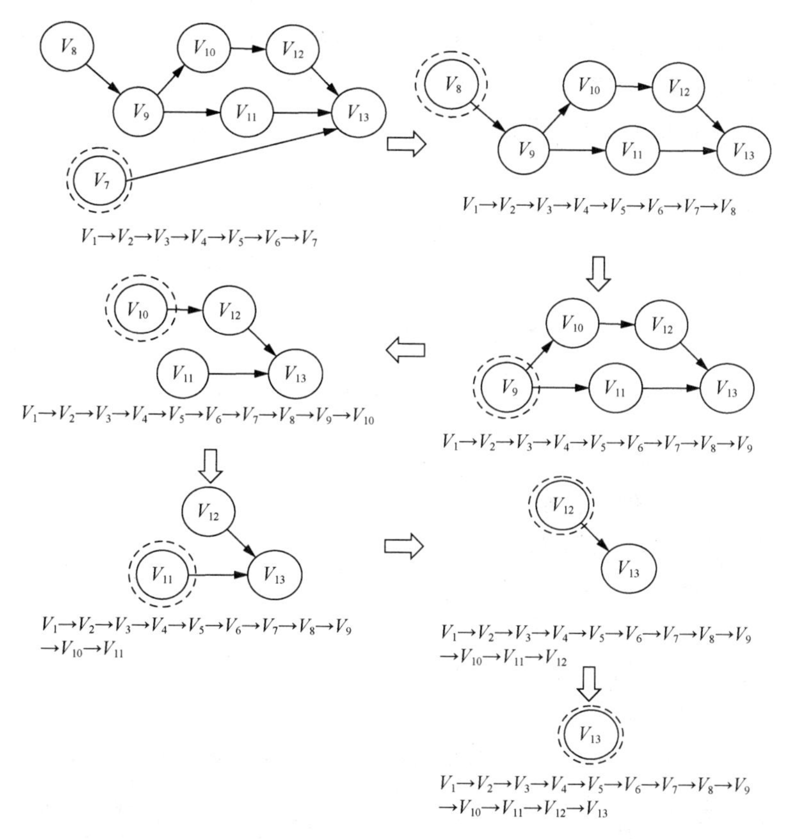

图 6-20　拓扑排序过程（续）

在此例中，如果同时对度为 0 的顶点按序号降序访问，可以得到的拓扑排序序列为：$V_1 \to V_2 \to V_5 \to V_3 \to V_6 \to V_8 \to V_9 \to V_{11} \to V_{10} \to V_{12} \to V_4 \to V_7 \to V_{13}$。

对于同一个有向无环图，根据不同的拓扑排序策略，所得到的排序序列可以不同。

6.3.3　关键路径问题

拓扑排序主要解决工程能否顺利进行的问题，但有时还需要找到完成工程所需要的最短时间。如果想获得流程图的最短时间，就需要分析它的拓扑关系，并且找到当中的最关键流程，这个流程的时间就是最短时间。

使用 AOE 网（Activity on Edge Network，AOE）表示工程流程，AOE 网具有明显的工程特征。例如，在某顶点所代表的事件发生后，从该顶点出发的活动才能开始。只有在进入某顶点的活动都已经结束，该顶点所代表的事件才能发生。AOE 网中入度为 0 的顶点称为起点或者源点，出度为 0 的顶点称为终点或者汇点。由于一个工程总有一个开始、一个结束，所以正常情况下，AOE 网只有一个源点和一个汇点。

把路径上各个活动持续的时间之和称为路径长度，从源点到汇点具有最大长度的路径叫作关键路径。在关键路径上的活动叫作关键活动。只有缩短关键路径上的关键活动时间才可以减少整个工程周期的时间。

如果活动（边）的最早开始时间和最晚开始时间相等，则此活动是关键活动。

如果一个有向无环图有多条关键路径，则需要保证所有关键活动的进度；如果想要缩短工程周期，就必须同时提高在几条关键路径上的活动的速度。

【例 6-9】某工程有 11 项活动、9 个事件，执行过程如图 6-21 所示。V_1表示工程开始，V_9表示工程结束。哪些活动是影响工程进度的关键？

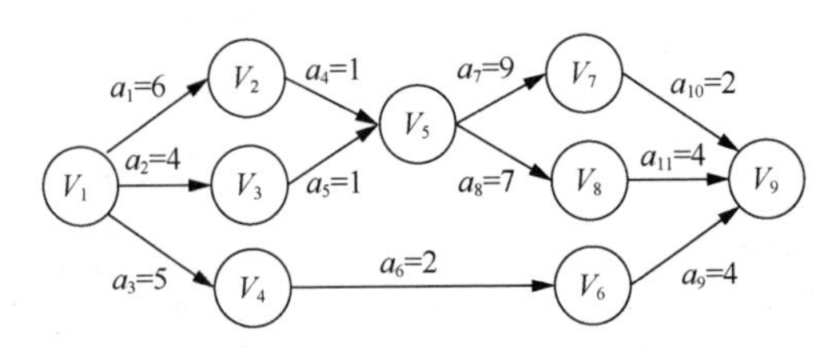

图 6-21　某工程执行过程

求关键路径的步骤如下。

① 求 $ee(i)$：表示事件 V_i的最早发生时间。

② 求 $le(i)$：表示事件 V_i的最晚发生时间。

③ 求 $e(k)$：活动 $a_k=<v_i,v_j>$的最早开始时间。

④ 求 $l(k)$：活动 $a_k=<v_i,v_j>$的最晚开始时间。

⑤ 计算 $l(k)-e(k)$：完成活动 a_k的时间余量。

若 $l(i)-e(i)=0$，则 a_i是关键活动。

如图 6-22 所示，可以得到影响工程进度的关键活动有：a_1、a_4、a_7、a_8、a_{10}、a_{11}。

顶点	ee	le
V_1	0	0
V_2	6	6
V_3	4	6
V_4	5	8
V_5	7	7
V_6	7	10
V_7	16	16
V_8	14	14
V_9	18	18

活动	e	l	l−e
a_1	0	0	0
a_2	0	2	2
a_3	0	3	3
a_4	6	6	0
a_5	4	6	2
a_6	5	8	3
a_7	7	7	0
a_8	7	7	0
a_9	7	10	3
a_{10}	16	16	0
a_{11}	14	14	0

图 6-22　某工程关键路径分析

6.3.4　最短路径问题

如图 6-23 所示，用带权图表示某省在某一时期的高速公路网，其中，顶点表示城市，边表示城市间的高速公路的联系，权表示此线路的长度。

从该省的某一城市出发，在沿高速公路到达另一城市所经过的路径中，求最短路径。最短路径问题旨在寻找图中两顶点之间的最短路径。

对于路径问题，边的权值不仅限于路径的长度，还可以是沿此路径运输所花的时间或费用等。最短路径问题也被广泛应用于交通工程、通信工程、计算机科学、控制理论等众多领域。

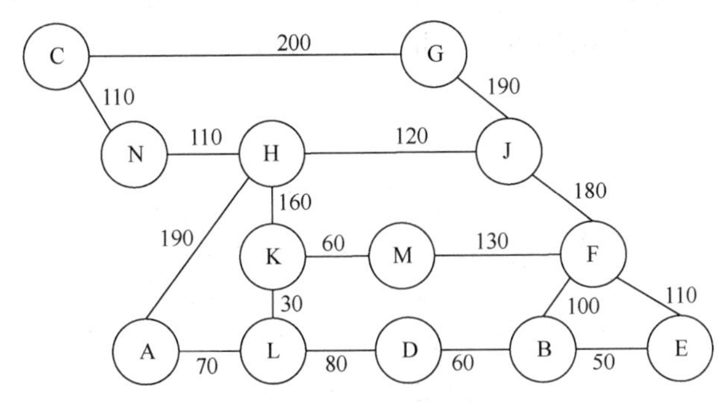

图 6-23　某省高速公路网

本节主要介绍以下两种情况。

（1）确定起点的最短路径问题，即已知起始节点，求最短路径的问题，此类问题适合使用迪杰斯特拉算法。

（2）全局最短路径问题，即求图中所有的最短路径，此类问题适合使用弗洛伊德算法。

1. 迪杰斯特拉算法

迪杰斯特拉算法主要解决单源最短路径问题，即求从一个顶点到其余各顶点的最短路径，解决的是带权图中最短路径问题。迪杰斯特拉算法的主要特点是从起点开始，采用贪心算法的策略，每次遍历到与出发点距离最近且未访问过的顶点的邻接点，直到扩展到终点为止。

实现过程可以简单地描述为，每次对所有可见点的路径长度进行排序后，选择一条最短的路径，这条路径就是对应顶点到源点的最短路径。以对应顶点为中继，优化它的邻接点到源点的路径。

【例 6-10】在图 6-24 中，求 A 点到其他各点的最短路径。

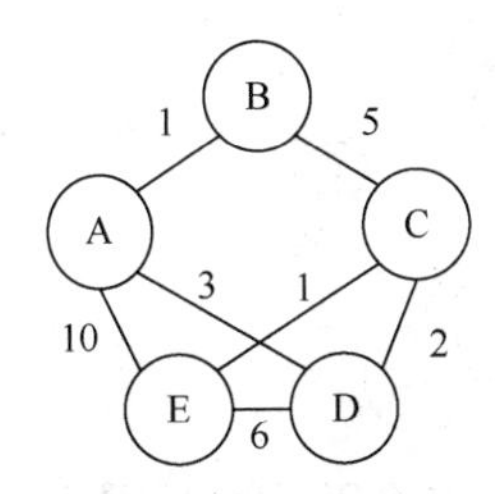

图 6-24　迪杰斯特拉算法

初始状态下，A 点到 B 点距离为 1，A 点到 C 点距离为∞，A 点到 D 点距离为 3，A 点到 E 点距离为 10，如图 6-25 所示。

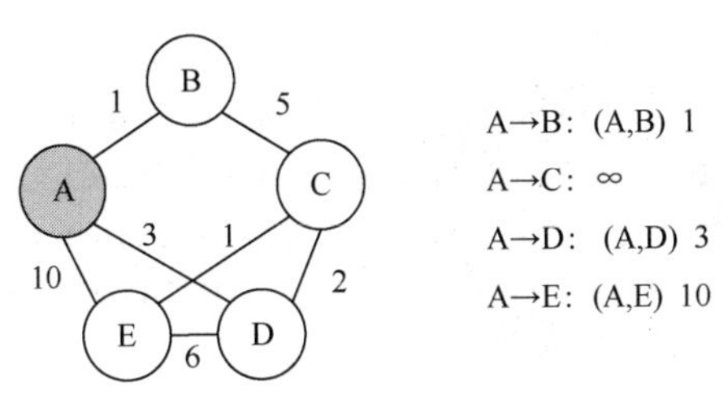

图 6-25　初始状态

当前情况下可以确定 A 点到 B 点的最短距离是 1，路径为 AB。以 B 点为中继，优化其他点。当前可优化的是到 C 点的距离，如图 6-26 所示。

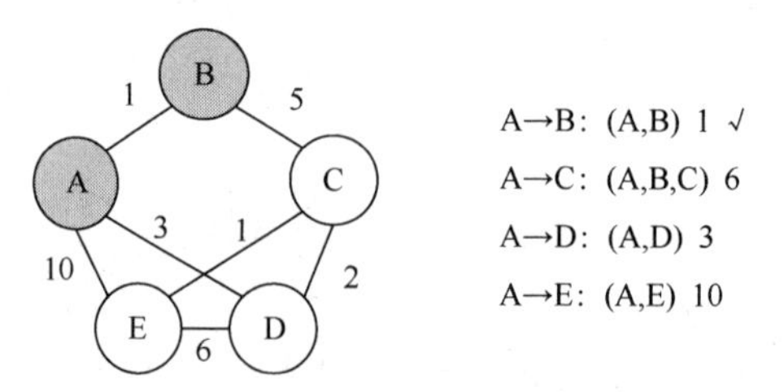

图 6-26　优化距离 1

当前以 AB 为已确定的整体，到未确定的邻接点的最短路径是 AD，则可以确定 A 点到 D 点的最短路径是 AD，以 D 点为中继，可以优化 A 点到 C 点和 E 点的距离，如图 6-27 所示。

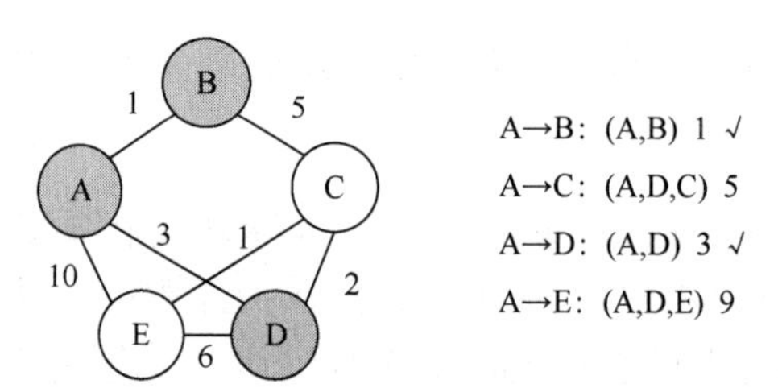

图 6-27　优化距离 2

当前以 ABD 为已确定的整体，到未确定的邻接点最短路径是 DC，则可以确定 A 点到 C 点的最短路径是 ADC，以 C 点为中继，可以优化 A 点到 E 点的距离，如图 6-28 所示。

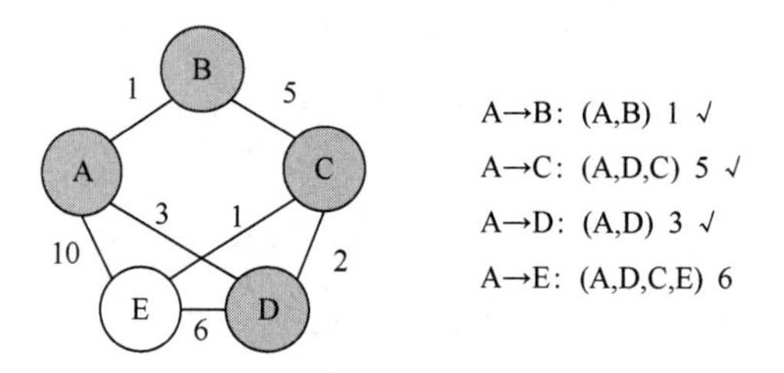

图 6-28　优化距离 3

最后可以确定 A 点到 E 点的最短距离。至此，A 点到各点的最短距离及其路径都已经确定，如图 6-29 所示。

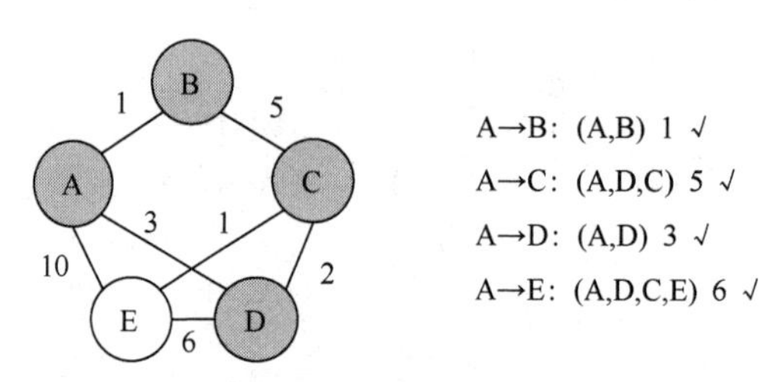

图 6-29　确定最短路径

以下是例 6-10 的代码实现：

```
Java:
import java.util.ArrayList;
public class Dijkstra {
    int[][] graph = {{ 0 , 1 ,100, 3 ,10 },//100 表示无穷大
                     { 1 , 0 , 5 ,100,100},
                     {100, 5 , 0 , 2 , 1 },
                     { 3 ,100, 2 , 0 , 6 },
                     {10 ,100, 1 , 6 , 0 }};
    String[] nodes = {"A","B","C","D","E"};//节点名称列表
    void dijkstra(int[][] graph,String[] nodes,int start){
        int[] cost = (int[])graph[start].clone() ;//初始条件下，出发点到各点距离
        String[] path = (String[])nodes.clone() ;//对应带权的路径
        for(int n=0;n<path.length;n++){
            path[n] = nodes[start]+path[n] ;
        }
        ArrayList<String> determinedNodes = new ArrayList<String>();//已经确定的节点集合
        determinedNodes.add(nodes[start]);
        while(determinedNodes.size()<nodes.length){
            int min = 200 ;
            int midNodeIndex = -1 ;//#中继的 index
            for(int i=0 ; i<nodes.length;i++){
            //找当前轮次的中继，也就是未确定点中距离出发点最近的点
                if(!determinedNodes.contains(nodes[i])){
                    if(cost[i]<min){
                        min = cost[i] ;
                        midNodeIndex = i ;
                    }
                }
            }
            determinedNodes.add(nodes[midNodeIndex]);
            //确定中继，将其加入已确定的节点集合
           for(int j=0;j<nodes.length;j++){//用中继更新现有路径
               if(!determinedNodes.contains(nodes[j])){
                   if(cost[j]>cost[midNodeIndex]+graph[midNodeIndex][j]){
               //从起点出发，经中继到目标点的路径长度如果小于原有路径长度
                       cost[j] = cost[midNodeIndex]+graph[midNodeIndex][j];
                       path[j] = path[midNodeIndex]+nodes[j];//更新 path[j]
                   }
               }
           }
        }
        for(int i=0;i<cost.length;i++){//输出结果
            System.out.print(path[i]+":"+cost[i]+"  ");
        }
        System.out.println() ;
    }
        public static void main(String[] args) {
        Dijkstra d = new Dijkstra() ;
        d.dijkstra(d.graph,d.nodes,0);
```

```
    }
}
```

Python：

```
import copy
class Dijkstra :
    def __init__(self):
        self.graph = [[ 0 , 1 ,100, 3 ,10 ],  #100表示无穷大
                     [ 1 , 0 , 5 ,100,100],
                     [100, 5 , 0 , 2 , 1 ],
                     [ 3 ,100, 2 , 0 , 6 ],
                     [10 ,100, 1 , 6 , 0 ],]
        self.nodes = ['A','B','C','D','E']  #节点名称列表
    def dijkstra(self,graph:[],nodes:[],start):
        cost = copy.deepcopy(graph[start])  #初始条件下，出发点到各点距离
        path = []  #对应带权路径
        for s in nodes :
            path.append(nodes[start]+s)
        determinedNodes = [nodes[start]]  #已经确定的节点
        while(len(determinedNodes)<len(nodes)):
            min = 200
            midNodeIndex = -1 #中继的index
            i = 0
            while i<len(nodes) :  #找当前的中继，即未确定点中距离出发点最近的点
                if(nodes[i] not in determinedNodes):
                    if cost[i]<min :
                        min = cost[i]
                        midNodeIndex = i
                i += 1
        determinedNodes.append(nodes[midNodeIndex])  #将中继加入已确定节点
        j = 0
        while j<len(nodes) :#用中继更新现有路径
            if (nodes[j] not in determinedNodes):
            #从起点出发，经中继到目标点的路径长度如果小于原有路径长度
                if cost[j]>cost[midNodeIndex]+graph[midNodeIndex][j]:
                cost[j] = cost[midNodeIndex]+graph[midNodeIndex][j]  #更新cost[j]
                    path[j] = path[midNodeIndex]+nodes[j]  #更新path[j]
                j += 1
        print(cost)
        print(path)
d = Dijkstra()
d.dijkstra(d.graph,d.nodes,0)
```

2．弗洛伊德算法

弗洛伊德算法又称为插点法，是一种利用动态规划的思想寻找给定的加权图中多点之间最短路径的算法。弗洛伊德算法既适用于无向加权图，也适用于有向加权图，其以发明人之一，1978年图灵奖获得者罗伯特·弗洛伊德教授命名。

弗洛伊德算法的核心思想如下。

在图中选取某个顶点 k 作为顶点 i 到顶点 j 需要经过的中间节点，通过比较 i 到 k 的路径长度与 k 到 j 的路径长度之和与现有 i 到 j 路径长度，将较小值设为新的路径长度。对 k 节点

的选取进行遍历，以得到在经过所有节点时 i 到 j 的最短路径长度，通过不断加入中继的方式更新最短路径。

【例 6-11】已知某图及其路径长度矩阵与对应的路径矩阵如图 6-30 所示，求各点之间的最短路径。

在路径长度矩阵与路径矩阵中，行标表示路径起点，列标表示路径终点。比如 B 行 C 列，路径矩阵中的值是 BC，路径长度矩阵中的值是 3，表示 B 到 C 有直接路径，路径长度为 3。

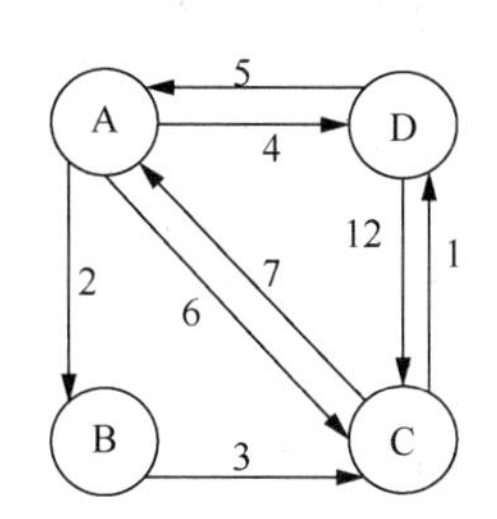

	A	B	C	D
A	0	2	6	4
B	∞	0	3	∞
C	7	∞	0	1
D	5	∞	12	0

	A	B	C	D
A	AA	AB	AC	AD
B	BA	BB	BC	BD
C	CA	CB	CC	CD
D	DA	DB	DC	DD

图 6-30　某图及其路径长度矩阵与对应的路径矩阵

首先通过 A 点，更新路径长度矩阵与其对应的路径矩阵，更新用加粗与下画线表示，如图 6-31 所示。

C 点到 B 点从原来的没有直接路径，更新为 CAB，路径长度更新为 9。

D 点到 B 点从原来的没有直接路径，更新为 DAB，路径长度更新为 7。

D 点到 C 点从原来的直接路径长度 12，更新为 DAC，路径长度更新为 11。

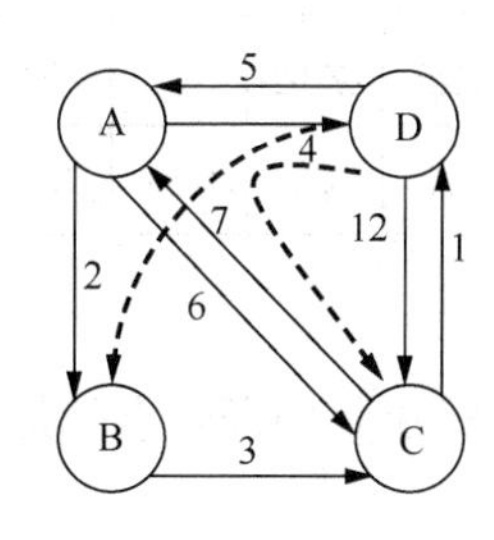

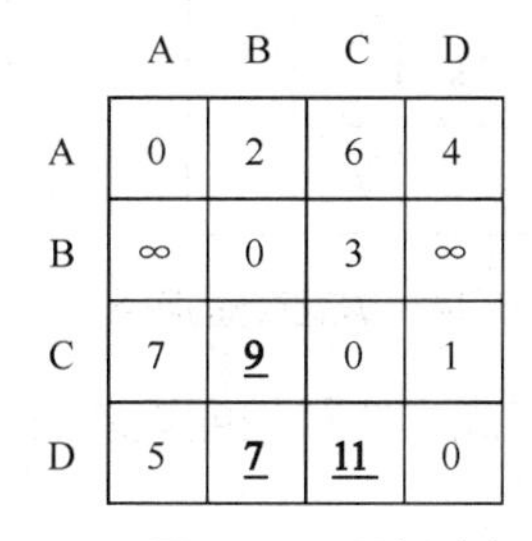

	A	B	C	D
A	0	2	6	4
B	∞	0	3	∞
C	7	**9**	0	1
D	5	**7**	**11**	0

	A	B	C	D
A	AA	AB	AC	AD
B	BA	BB	BC	BD
C	CA	**CAB**	CC	CD
D	DA	**DAB**	**DAC**	DD

图 6-31　更新路径 1

然后通过 B 点，更新路径长度矩阵与其对应的路径矩阵，如图 6-32 所示，已更新的路径及长度用斜体表示。

A 点到 C 点从原来的直接路径长度 7，更新为 ABC，路径长度更新为 5。

D 点到 C 点从刚才的 DAC 路径长度 12，更新为 DABC，路径长度更新为 10。

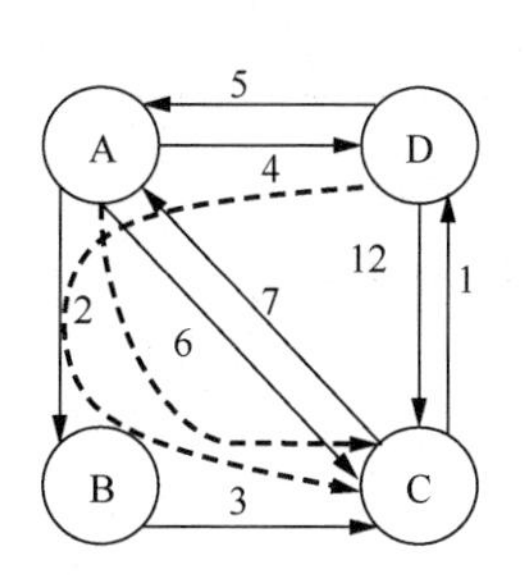

	A	B	C	D
A	0	2	**5**	4
B	∞	0	3	∞
C	7	*9*	0	1
D	5	*7*	**10**	0

	A	B	C	D
A	AA	AB	**ABC**	AD
B	BA	BB	BC	BD
C	CA	*CAB*	CC	CD
D	DA	*DAB*	**DABC**	DD

图 6-32　更新路径 2

接下来通过 C 点，更新路径长度矩阵与其对应的路径矩阵，如图 6-33 所示。

B 点到 A 点从原来的没有直接路径，更新为 BCA，路径长度更新为 10。

B 点到 D 点从原来的没有直接路径，更新为 BCD，路径长度更新为 4。

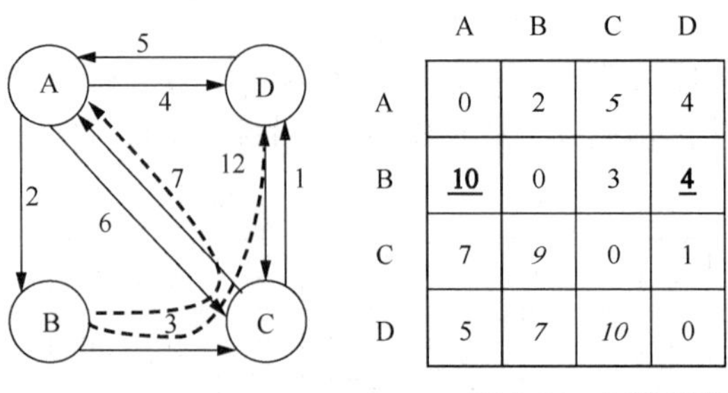

	A	B	C	D
A	0	2	*5*	4
B	**10**	0	3	**4**
C	7	*9*	0	1
D	5	*7*	*10*	0

	A	B	C	D
A	AA	AB	*ABC*	AD
B	**BCA**	BB	BC	**BCD**
C	CA	*CAB*	CC	CD
D	DA	*DAB*	*DABC*	DD

图 6-33 更新路径 3

最后通过 D 点，更新路径长度矩阵与其对应的路径矩阵，如图 6-34 所示。

B 点到 A 点从刚才的 BCA 路径长度 10，更新为 BCDA，路径长度更新为 9。

C 点到 A 点从原来的直接路径长度 7，更新为 CDA，路径长度更新为 6。

C 点到 B 点从之前更新的 CAB 路径长度 9，更新为 CADB，路径长度更新为 8。

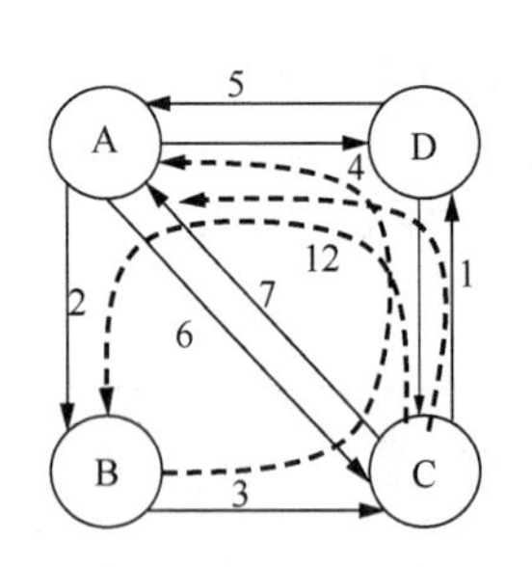

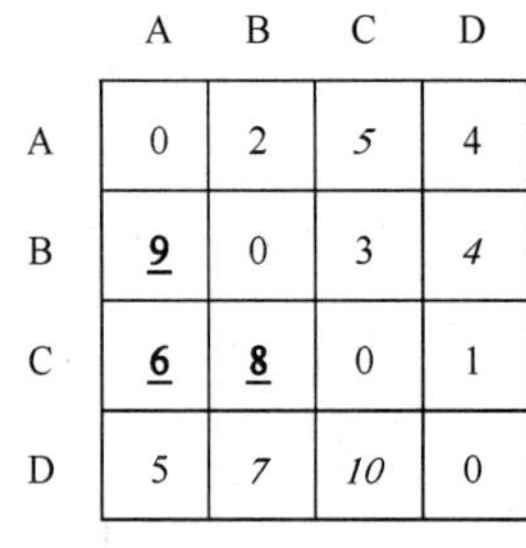

	A	B	C	D
A	0	2	*5*	4
B	**9**	0	3	*4*
C	**6**	**8**	0	1
D	5	*7*	*10*	0

	A	B	C	D
A	AA	AB	*ABC*	AD
B	**BCDA**	BB	BC	*BCD*
C	**CDA**	**CADB**	CC	CD
D	DA	*DAB*	*DABC*	DD

图 6-34 确定最短路径

至此，此图的弗洛伊德算法演示完成。路径长度矩阵与路径矩阵中即各点的最短路径长度与对应的路径。

实现弗洛伊德算法的过程主要有如下两步。

（1）从任意一条单边路径开始，所有两点之间的距离是边的权，如果两点之间没有边相连，则权为无穷大。

（2）对于每一对顶点 i 和 j，看是否存在一个顶点 k 使得从 i 到 k 再到 j 比已知的路径更短。如果是，则更新。

此例对应的实现代码如下：

```
Java:
public class Floyed {
    int[][] distance = {{ 0 , 2 , 6 , 4 },//路径长度矩阵，正无穷用 100 表示
                        {100, 0 , 3 ,100},
                        { 7 ,100, 0 , 1 },
                        { 5 ,100, 12, 0 } } ;
    String[][] path = {{"AA","AB","AC","AD"},//路径矩阵
                        {"BA","BB","BC","BD"},
                        {"CA","CB","CC","CD"},
```

```
                    {"DA","DB","DC","DD"}};
    void floyed(){//弗洛伊德算法
        for(int k=0;k< distance.length;k++){//k: 中继
            for(int i=0;i< distance.length;i++){//i: 行
                if(k==i){
                    continue;
                }
                for(int j=0;j< distance.length;j++){//j: 列
                    if(i==j||k==j){
                        continue;
                    }
                    if(distance [i][k]+ distance [k][j]< distance [i][j]){
                        distance [i][j] = distance [i][k]+ distance [k][j];//更新路径长度矩阵
                        StringBuffer s = new StringBuffer(path[i][j]);
                        char b = path[k][j].charAt(0);
                        s.insert(path[i][j].length()-1,b);
                        path[i][j] = s.toString();//更新路径矩阵
                    }
                }
            }
        }
    }
    void display(){//展示
        for(int i=0;i<map.length;i++){
            for(int j=0;j<map.length;j++){
                System.out.print(map[i][j]+"\t");
            }
            System.out.println();
        }
        for(int i=0;i<path.length;i++){
            for(int j=0;j<path.length;j++){
                System.out.print(path[i][j]+"\t");
            }
            System.out.println();
        }
    }
    public static void main(String[] args) {
        Floyed f = new Floyed() ;
        f.floyed();
        f.display();
    }
}
```

Python:

```
class Floyed:
    def __init__(self):
        self.distance = [ [ 0 , 2 , 6 , 4 ],#路径长度矩阵，100 表示无穷大
                          [100, 0 , 3 ,100],
                          [ 7 ,100, 0 , 1 ],
                          [ 5 ,100, 12, 0 ] ]
        self.path = [ ['AA','AB','AC','AD'],#路径矩阵
                      ['BA','BB','BC','BD'],
                      ['CA','CB','CC','CD'],
```

```
                    ['DA','DB','DC','DD'] ]
        self.floyed(self.distance,self.path)
        self.display(self.distance,self.path)
    def floyed(self,distance,path):
        for k in range(len(distance)):#k:中继
            for i in range(len(distance)):#i:行
                if i==k:
                    continue
                for j in range(len(distance)):#j:列
                    if j==k or j==i:
                        continue
                    if distance[i][k]+distance[k][j]<distance[i][j]:
                        distance[i][j] = distance[i][k]+distance[k][j]#更新路径长度矩阵
                        a = path[i][j][:-1]#更新路径矩阵
                        b = path[k][j][0]
                        c = path[i][j][-1:]
                        path[i][j] = a + b + c
    def display(self,distance,path):
        for i in range(len(distance)):
            for j in range(len(distance)):
                print(distance[i][j],end="\t")
            print()
        for i in range(len(path)):
            for j in range(len(path)):
                print(path[i][j],end="  ")
            print()
Floyed()
```

本章小结

本章主要介绍了图的概念、图的遍历和图的应用。图的概念主要包括图的相关术语与图的存储结构。在图的遍历中，对深度优先遍历和广度优先遍历的实现进行了深入的讲解。在图的应用中主要介绍了 4 类问题的算法，包括求最小生成树的贪心算法和克鲁斯卡尔算法，处理拓扑排序问题的算法，处理关键路径问题的算法，处理单源最短路径的迪杰斯特拉算法和处理多源最短路径问题的弗洛伊德算法。

本章习题

1.【单选题】任何一个无向连通图的最小生成树（　　）。

A. 只有一棵　　B. 有一棵或多棵　　C. 一定有多棵　　D. 可能不存在

2.【单选题】有 8 个节点的有向完全图有（　　）条弧。

A. 14　　B. 28　　C. 56　　D. 112

3.【单选题】在图的邻接表存储结构上执行深度优先遍历类似于二叉树上的（　　）。

A. 先序遍历　　B. 中序遍历　　C. 后序遍历　　D. 层次遍历

4.【单选题】关键路径是事件节点网络中（　　）。

A. 从源点到汇点的最长路径　　B. 从源点到汇点的最短路径

C. 最长的回路　　　　D. 最短的回路

5.【单选题】如果求一个连通图中以某个顶点为根的高度最小的生成树，适合采用（　　）。

A. 深度优先搜索算法　　　　B. 广度优先搜索算法

C. 贪心算法　　　　D. 拓扑排序算法

6.【问答题】在图 6-35 中，从顶点 1 出发，写出一种按深度优先遍历图的顶点序列。

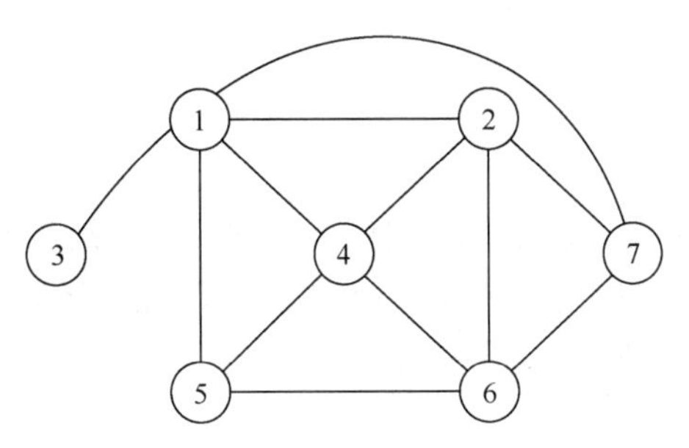

图 6-35　问答题 6

7.【问答题】分别用贪心算法和克鲁斯卡尔算法求图 6-36 的最小生成树。

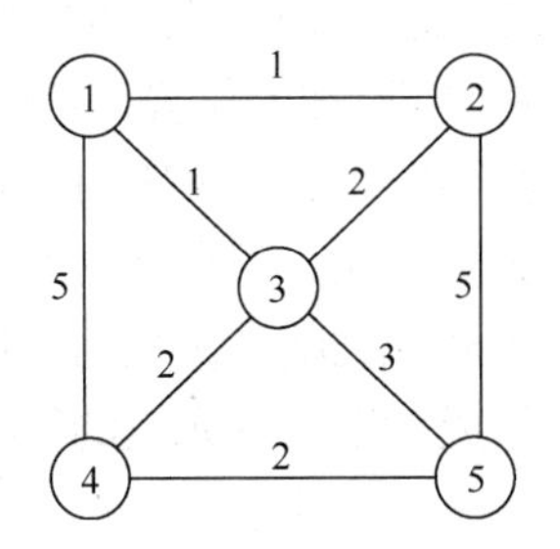

图 6-36　问答题 7

8.【问答题】图 6-23 表示某省在某一时期的高速公路网，求从该省的 A 市出发，沿高速公路到该省其他城市的最短路径。

第⑦章　排序

排序（Sorting）又称分类，就是将一组任意序列的数据元素按一定的规律进行排列（按照其中的某个或某些关键字的大小，递增或递减排列起来的操作），使之成为有序序列。排序是数据处理中经常运用的一种重要运算方法，其主要目的之一是方便查找。

7.1

7.1 排序的概念

排序是将数据元素的任意序列，重新按关键字递增或递减的顺序进行排列的操作。按待排序数据所在的位置，可以分为内部排序和外部排序。

内部排序：指整个排序过程不需要访问外存便能完成的排序方式。

外部排序：指参加排序的记录数量很大，整个序列的排序过程不可能在内存中完成，需要将一部分记录放置在外存，通过内外存之间多次数据交换才能完成的排序方式。

一个数据元素可由多个数据项组成，以数据元素的某个数据项作为比较和排序的依据，则该数据项称为排序关键字。

按排序后相同关键字所处的相对位置可以分为：稳定排序和不稳定排序。

稳定排序：假设在待排序的文件中，存在两条或两条以上的记录具有相同的关键字，在用某种排序法排序后，若这些相同关键字的相对次序保持不变，则这种排序算法是稳定的。

不稳定排序：假设在待排序的文件中，存在两条或两条以上的记录具有相同的关键字，在用某种排序算法排序后，若这些相同关键字的元素的相对次序发生改变，则这种排序算法是不稳定的。

7.2

7.2 插入排序

插入排序是指将待排序的记录按其关键字的大小逐个插入一个已经排好序的有序序列，直至所有的记录插入完为止，得到一个新的有序序列。直接插入排序是一种基础的排序算法，希尔排序是一种更高效的改进算法。

7.2.1 直接插入排序

直接插入排序是一种简单的排序算法，其基本操作是将需要排序的元素插入已排好的有序序列，并将这一过程重复多次，从而得到一个完整的有序序列。直接插入排序的过程如图 7-1 所示。

［6　23　41］12　65　76　34
有序区　　　　无序区

图 7-1　直接插入排序的过程

其基本思想是：n 个元素的序列需要进行 n-1 趟排序。默认第一个元素在有序区，剩下的元素都在无序区。在每一趟排序中，我们首先将无序区部分的第一个元素与前面有序区的最后一个元素（已排序的最大元素）进行比较。如果该待排序元素大于或等于已排序的最大元素，它就已经在要插入的位置上了，也就不需要再和更前面的元素进行比较以及移动元素，此时直接进入下一趟排序。

如果当前待排序元素小于已排序的最大元素，就要将该已排序的最大元素向后移动一个位置，为最终插入待排序元素或移动更前面的其他元素而腾出位置。因为这会占据当前待排序元素的位置，所以在移动之前需要将该待排序元素保存到临时变量中。

之后将该待排序元素和更前面的元素依次进行比较，直到遇到第一个不大于它的元素或到达整个序列第一个元素之前。所有那些大于它的元素都需要向后移动一个位置以给它腾出位置，最后将该待排序元素复制到该位置上。至此，本趟排序完成，然后进入下一趟排序。

这里描述的直接插入排序是一种稳定的排序算法，因为原序列中同样大小的元素之间的相对位置在排序前和排序后是一致的。

【例 7-1】已知待排序的序列关键字为{45,37,63,91,26,13,58,2}，直接插入排序的执行过程如图 7-2 所示。

[45],37,63,91,26,13,58,2
[37,45],63,91,26,13,58,2
[37,45,63],91,26,13,58,2
[37,45,63,91],26,13,58,2
[26,37,45,64,91],13,58,2
[13,26,37,45,64,91],58,2
[13,26,37,45,58,64,91],2
[2,13,26,37,45,58,64,91]

图 7-2 直接插入排序的执行过程

Java 代码 7-1

Python 代码 7-1

直接插入排序算法实现如下：

Java:

```java
void insertionSort(int[] arr){
    for(int i=1;i<arr.length;i++){
        int temp = arr[i] ;
        int j ;
        for(j=i-1 ; j>=0 ; j--){
            if(arr[j]>temp){
                arr[j+1] = arr[j] ;
            }else{
                break ;
            }
        }
        arr[j+1] = temp ;
    }
}
```

Python:

```python
def insertionSort(self,list):
    for i in range(1,len(list)):
        temp = list[i]
        j = i-1
        while j>=0 :
            if list[j]>temp:
                list[j+1] = list[j]
            else:
                break
            j -= 1
        list[j+1] = temp
```

使用直接插入排序算法进行排序时，只需要一条记录的辅助空间用来作为待插入记录的暂存空间，其中第 i 个待排序记录与有序区的记录最少比较 1 次，最多比较 i 次，平均比较 $\frac{i}{2}$ 次，那么 n 条记录进行直接插入排序的平均比较次数为：

$$\sum_{i=2}^{n}\frac{i}{2}=\frac{(n+2)(n-1)}{4}=\frac{n^2+n-2}{4}\approx\frac{n^2}{4}$$

因此，直接插入排序的时间复杂度为$O(n^2)$，它是一种稳定的排序算法。

7.2.2 希尔排序

希尔排序，也称递减增量排序算法，是插入排序的一种进阶排序算法，使用它记录按下标的一定增量分组，对每组使用直接插入排序算法排序；随着增量逐渐减少，每组包含的关键字越来越多，当增量减至1时，整个文件恰被分成一组，算法终止。

基本思想是：先将整个待排序元素序列分割成若干个子序列（由相隔某个“增量d”的元素组成）分别进行直接插入排序，然后依次缩减增量进行排序，待整个序列中的元素基本有序（增量足够小）时，再对全体元素进行一次直接插入排序。

【例7-2】已知待排序的序列关键字为{45,37,63,91,26,13,58,2}，希尔排序的执行过程如图7-3所示。

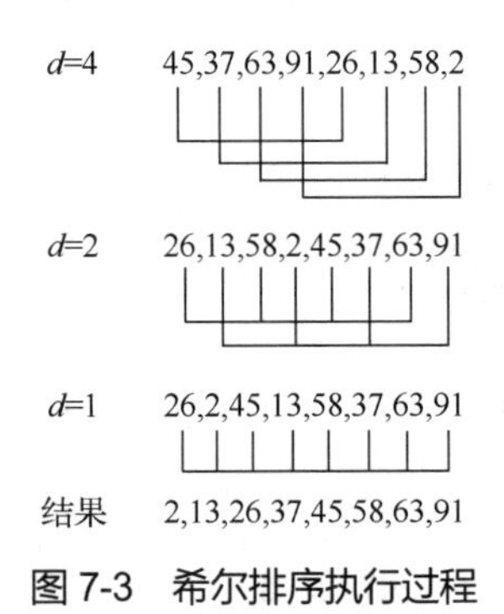

图7-3 希尔排序执行过程

通过图7-3可以看出，其排序过程中每一趟以不同的增量分组进行排序。当d较大时，被移动的元素是间隔d个位置进行的，因此希尔排序是不稳定的。而当d减至1时，大部分记录基本有序，因此一定程度上减少了移动和比较的次数，提高了排序的效率。

希尔排序的时间复杂度在$O(n\log_2 n)$和$O(n^2)$之间，但不能精确估计。

7.3

7.3 交换排序

交换排序的基本思想是在待排序序列中每次选取两条记录进行比较，若这两条记录不满足排序的要求，则交换位置，直到序列中所有记录两两比较都满足排序的要求为止。冒泡排序是一种基础的交换排序算法，快速排序是一种改进的交换排序算法。

7.3.1 冒泡排序

在冒泡排序的每一趟排序中，都比较相邻两个数的大小，若逆序则交换它们的位置，每趟排序都会使当前“最大”的数“沉到”序列末尾，小的数逐步“上升”。当序列中没有逆序对时，排序完成（最终需要进行 n-1 趟排序)。

【例 7-3】已知待排序的序列关键字为{45,37,63,91,26,13,58,2}，冒泡排序的执行过程如图 7-4 所示。

原始数据	45,37,63,91,26,13,58,2
第1趟	37,45,63,26,13,58,2,91
第2趟	37,45,26,13,58,2,63,91
第3趟	37,26,13,45,2,58,63,91
第4趟	26,13,37,2,45,58,63,91
第5趟	13,26,2,37,45,58,63,91
第6趟	13,2,26,37,45,58,63,91
第7趟	2,13,26,37,45,58,63,91

图 7-4 冒泡排序执行过程

Java 代码 7-2

Python 代码 7-2

冒泡排序算法实现方法如下：

Java：

```
void bublleSort(int[] arr){
     for(int i=1 ; i<arr.length ; i++){
          for(int j=1;j<=arr.length-i;j++){
               if(arr[j-1]<arr[j]){
                    int temp = arr[j] ;
                    arr[j] = arr[j-1] ;
                    arr[j-1] = temp ;
               }
          }
     }
}
```

Python：

```
def bubbleSort(self,list):
        for k in range(len(list)-1,0,-1):
            i = 0
            for i in range(0,k):
                if list[i]>list[i+1]:
                    temp = list[i]
                    list[i] = list[i+1]
                    list[i+1] = temp
```

冒泡排序算法的执行效率取决于原始数据是否有序。

最好的情况下，若待排序序列已为正序，则只需执行一趟排序，进行 n-1 次比较即可，记录移动次数 0 次，时间复杂度为 $O(n)$。

最坏的情况下，若待排序序列为逆序，每趟均需要比较且移动，第 1 趟 n 条记录，需要两两比较 $n-1$ 次，移动 $n-1$ 次，n 条记录中最大的元素被移动到序列最后的位置；第 2 趟只需对 $n-1$ 条记录进行排序，需要比较 $n-2$ 次，移动 $n-2$ 次，这 $n-1$ 条记录中最大的元素被移动到序列倒数第二的位置；依次类推，第 i 趟只需对 $n-i+1$ 条记录进行排序，需要比较 $n-i$ 次，移动 $n-i$ 次。由此可见，逆序时冒泡排序最多需进行 $n-1$ 趟排序，最大的比较次数为 $\sum_{i=1}^{n-1}(n-i)=\frac{n(n-1)}{2}\approx\frac{n^2}{2}$，因此时间复杂度是 $O(n^2)$。

平均情况下，冒泡排序的时间复杂度和最坏的情况下的属于同数量级，因此其平均时间复杂度是 $O(n^2)$。

冒泡排序由于是两两进行比较、交换的，因此是一种稳定的排序算法。

7.3.2 快速排序

快速排序（Quick Sort）是从冒泡排序算法演变而来的，实际上是在冒泡排序基础上的递归分治法。快速排序每一轮在序列中挑选一个基准元素，并让其他比它大的元素移动到序列的一边，比它小的元素移动到序列的另一边，从而把序列拆解成两个部分。然后按照此算法对这两部分数据分别进行快速排序，整个排序过程可以递归进行，以此使整个数据变成有序序列。

一直递归下去，但是这个算法总会结束，因为在每次的迭代中，它至少会把一个元素摆到它排序后的最终位置。

【例 7-4】已知待排序的序列关键字为{45,37,63,91,26,13,58,2}，快速排序的一趟执行过程和执行过程分别如图 7-5、图 7-6 所示。

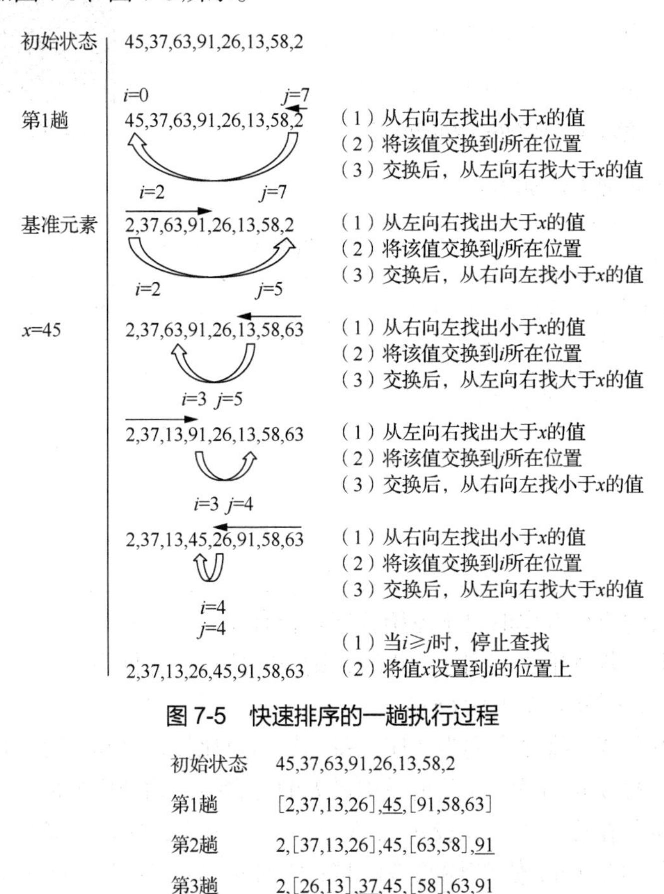

图 7-5 快速排序的一趟执行过程

初始状态	45,37,63,91,26,13,58,2
第1趟	[2,37,13,26],45,[91,58,63]
第2趟	2,[37,13,26],45,[63,58],91
第3趟	2,[26,13],37,45,[58],63,91
第4趟	2,[13],26,37,45,[58],63,91

图 7-6 快速排序的执行过程

快速排序算法实现方法如下：

Java:	Python:
`void quickSort(int[] arr,int low,int high){` `    int i,j,temp,t;`	`def partition(li,left,right):` `    tmp = li[left]`

<table>
<tr>
<td>

```
    if(low>high){
        return;
    }
    i=low;
    j=high;
    temp = arr[low]; //基准元素
    while (i<j) {
        while (temp<=arr[j]&&i<j) {
            j--;
        }
        while (temp>=arr[i]&&i<j) {
            i++;
        }
        if (i<j) {//如果满足条件则交换
            t = arr[j];
            arr[j] = arr[i];
            arr[i] = t;
        }
    }
//最后将基准元素与 i 和 j 相等位置的元素交换
    arr[low] = arr[i];
    arr[i] = temp;
    quickSort(arr, low, j-1); //递归左半序列
    quickSort(arr, j+1, high); //递归右半序列
}
```

</td>
<td>

```
    while left < right:
        while left < right and li[right] >= tmp:
            right -= 1
        li[left] = li[right]
        while left < right and li[left] <= tmp:
            left += 1
        li[right] = li[left]
    li[left] = tmp #把 tmp 归位
    return  left
def quickSort(li,left,right):
    if left < right :#至少两个元素
        mid = partition(li,left,right)
        quickSort(li,left,mid-1)
        quickSort(li,mid+1,right)
```

</td>
</tr>
</table>

快速排序算法在分治法的思想下，原序列在每一轮被拆分成两部分，每一部分在下一轮又分别被拆分成两部分，直到不可再拆分为止，平均情况下需要 $\log_2 n$ 轮，因此快速排序算法的平均时间复杂度是 $O(n\log_2 n)$ 。

在最坏的情况下，快速排序算法每一轮只能确定一个元素的位置，时间复杂度为 $O(n^2)$。若快速排序算法在排序过程中只是使用序列原本的空间进行排序，此时空间复杂度为 $O(1)$。

在使用快速排序算法的过程中，可能使相同元素的前后顺序发生改变，所以快速排序是一种不稳定排序算法。

7.4 选择排序

选择排序（Selection Sort）是一种简单、直观的排序算法。选择排序的基本思想：首先在未排序序列中找到最小（或者最大）元素，存放到排序序列的起始位置，然后从剩余未排序元素中继续寻找最小（或者最大）元素，再放到已排序序列的末尾。依次类推，直到所有元素均排序完毕。选择排序的特点是在排序过程中记录移动的次数较少。

7.4

选择排序中简单选择排序是选择排序的一种基础算法，堆排序则利用堆特性来进行快速选择与调整，是选择排序的改进算法。

7.4.1 简单选择排序

简单选择排序是选择排序中最简单的排序算法之一，也被称作直接选择排序，其基本思

想是，在要排序的一组数中，选出最小（或者最大）的一个数与第 1 个位置的数交换；然后在剩下的数中找最小（或者最大）的数与第 2 个位置的数交换，依次类推，直至第 $n-1$ 个元素（倒数第二个数）和第 n 个元素（最后一个数）比较完为止。

简单选择排序由多趟排序组成，第 i 趟（i 的取值范围是 $[1,n-1]$ ）排序就是从 $n-i+1$ 个未排序的元素中选择最小的那个元素，并将它和序列中的第 i 个元素（它的下标为 $i-1$ ）交换位置。在 $n-i+1$ 个元素中找出最小的那个是通过元素之间的两两比较完成的，一共需要 $n-i$ 次比较。

【例 7-5】已知待排序的序列关键字为{45,37,63,91,26,13,58,2}，简单选择排序的执行过程如图 7-7 所示。

Java 代码 7-3　Python 代码 7-3

初始状态	45,37,63,91,26,13,58,2
第1趟	2,37,63,91,26,13,58,45
第2趟	2,13,63,91,26,37,58,45
第3趟	2,13,26,91,63,37,58,45
第4趟	2,13,26,37,63,91,58,45
第5趟	2,13,26,37,45,91,58,63
第6趟	2,13,26,37,45,58,91,63
第7趟	2,13,26,37,45,58,63,91

图 7-7　简单选择排序的执行过程

简单选择排序算法实现方法如下：

Java：

```java
void selectionSort(int[] arr){
    for(int i=0;i<arr.length-1;i++){
        int minIndex = i ;
        for(int j=i+1;j<arr.length;j++){
            if(arr[j]<arr[minIndex]){
                minIndex = j ;
            }
        }
        int temp = arr[i] ;
        arr[i] = arr[minIndex] ;
        arr[minIndex] = temp ;
    }
}
```

Python：

```python
def selectionSort(self,arr):
    for k in range(0,len(arr)-1):
        min = k
        for i in range(k+1,len(arr)):
            if arr[i]<arr[min]:
                min = i
        temp = arr[min]
        arr[min] = list[k]
        arr[k] = temp
```

简单选择排序在最好的情况下，即待排序记录初始状态就已经是升序排列的了，则不需要移动记录。在最坏的情况下，即待排序记录初始状态是按第一条记录最大，之后的记录从大到小顺序排列，则需要移动记录的次数最多为 $3(n-1)$。在简单选择排序过程中需要进行的比较次数与初始状态下待排序的记录序列的排列情况无关。当 i=1 时，需进行 $n-1$ 次比较；当 i=2 时，需进行 $n-2$ 次比较；依次类推，共需要进行的比较次数是 $(n-1)+(n-2)+\cdots+2+1=\dfrac{n(n-1)}{2}$，即进行比较操作的时间复杂度为 $O(n^2)$ ，进行移动操作的时间复杂度为 $O(n)$。简单选择排序是不稳定的排序算法。

7.4.2 堆排序

简单选择排序在每趟排序中找出最小记录，但没有把比较结果保存下来，因此下一趟排序中又需要对记录重复进行比较，而堆排序在找出最小记录的同时，也找出了次小记录，减少了比较的次数，从而提高了排序的效率。

堆的结构详见第5章，以大根堆为例，对于堆排序，主要的操作如下。

（1）大根堆调整（Max Heapify）：对堆的末端子节点进行调整，使得子节点永远小于父节点。

（2）创建大根堆（Build Max Heap）：将堆中的所有数据重新排序。

（3）堆排序（Heap Sort）：移除位在第一个数据的根节点，并进行大根堆调整的递归运算。

【例7-6】已知序列关键字为{45,37,63,91,26,13,58,2}，将其调整为一个小根堆，执行过程如图7-8所示。

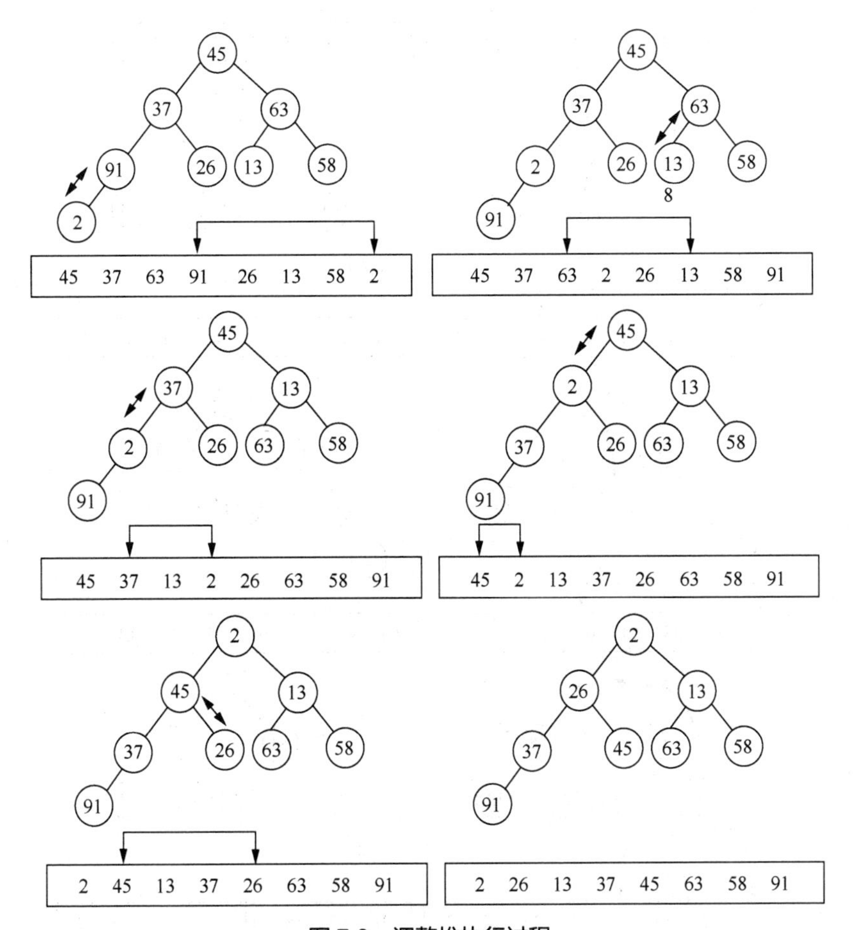

图7-8 调整堆执行过程

【例7-7】请对**【例7-6】**已建立好的小根堆{2,26,13,37,45,63,58,91}，用堆排序的方式将序列关键字从大到小进行排序，执行过程如图7-9所示。

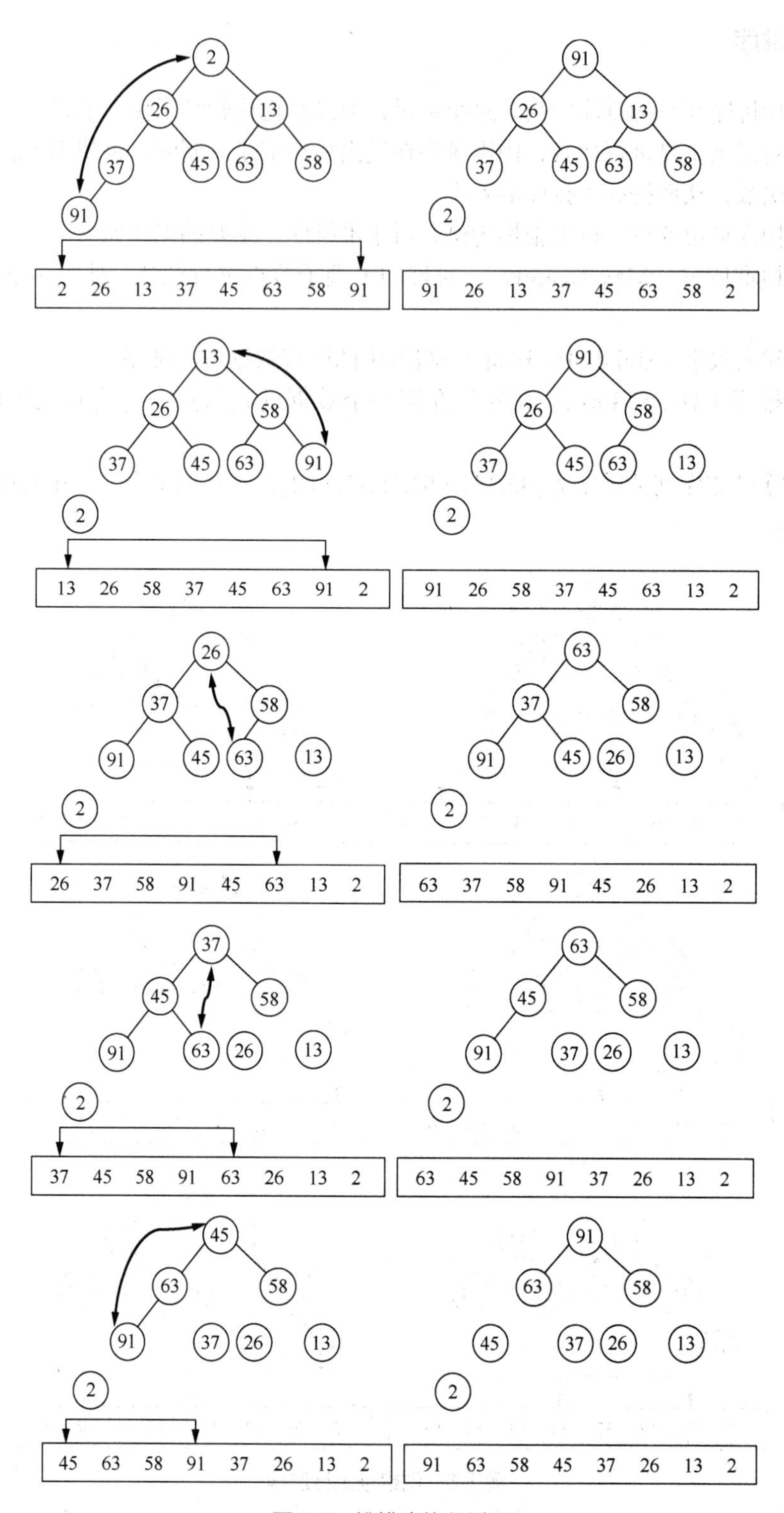
2 26 13 37 45 63 58 91
91 26 13 37 45 63 58 2
13 26 58 37 45 63 91 2
91 26 58 37 45 63 13 2
26 37 58 91 45 63 13 2
63 37 58 91 45 26 13 2
37 45 58 91 63 26 13 2
63 45 58 91 37 26 13 2
45 63 58 91 37 26 13 2
91 63 58 45 37 26 13 2

图 7-9　堆排序执行过程

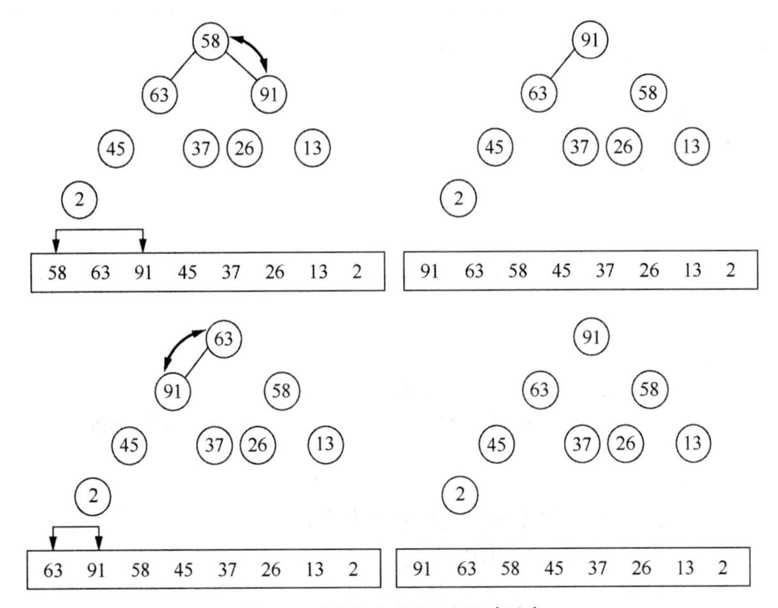

图 7-9 堆排序执行过程（续）

堆排序算法实现方法如下：

Java:

```
public class MinimumHeap {//小根堆（数组实现）
    void creatHeap(int[] arr){
        for(int i=arr.length/2;i>0;i--){
            shiftDown(arr,i,arr.length-1) ;
        }
    }
    void shiftDown(int[] arr,int i,int heapSize){
        if(i*2>heapSize){
            return ;
        }
        int j ;
        if(i*2+1>heapSize){
            j = 2*i ;
        }else{
            j = arr[2*i]<arr[2*i+1]?2*i:2*i+1 ;
        }
        if(arr[i]>arr[j]){
            int temp = arr[i] ;
            arr[i] = arr[j] ;
            arr[j] = temp ;
            shiftDown(arr,j,heapSize) ;
        }
    }
    void display(int[] arr){
        for(int i:arr){
            System.out.print(i+"  ");
        }
        System.out.println();
    }
```

```
    void sort(int[] arr){
        for(int i=arr.length-1;i>1;i--){
            int temp = arr[1] ;
            arr[1] = arr[i] ;
            arr[i] = temp ;
            shiftDown(arr,1,i-1) ;
        }
    }
}
```

Python:

```
class MinHeap:
    def __init__(self):
        self.heap = [-1,2,26,13,37,45,63,58,91]
    def adjust(self,i,tLen):#调整，从i开始，向下调整位置，tLen为二叉树的范围
        if i*2>tLen:
            return
        min:int = i*2 #左右孩子节点中最小的默认是左孩子节点
        if i*2+1 <= tLen:#防止i没有右孩子节点
            if self.heap[i*2+1]<self.heap[i*2]:
                min = i*2+1
        if self.heap[min]<self.heap[i]:#如果孩子节点比父节点小，则交换，并检查儿子节点与孙子节点的大小关系
            temp = self.heap[min]
            self.heap[min] = self.heap[i]
            self.heap[i] = temp
            self.adjust(min,tLen)

    def build(self):#建堆
        i = (int)((len(self.heap)-1)/2)#最后一个有孩子节点的节点
        while i > 0 :
            self.adjust(i,len(self.heap)-1)
            i -= 1

    def sort(self):
        k = len(self.heap)-1
        while k>1 :
            temp = self.heap[1]
            self.heap[1] = self.heap[k]
            self.heap[k] = temp
            self.adjust(1,k-1)
            k -= 1
```

堆排序对于记录数较大的序列效率较高，其运行时间主要耗费在初始建堆和重建堆时进行的反复筛选上，它的最坏、最好、平均时间复杂度均为$O(n\log_2 n)$，它也是不稳定的排序算法。

7.5

7.5 归并排序

归并排序是建立在归并操作上的一种有效、稳定的排序算法，该算法是采用分治法的一个非常典型的应用。分治法在每一层递归上有 3 个步骤：分解（Divide）、解决、合并。即将已有序的子序列合并，得到完全有序的序列；

若将两个有序表合并成一个有序表，则称为二路归并排序。

二路归并排序的基本思想：第一趟有序子表长为 1，后续每趟表长加倍。即先使每个子序列有序，再使子序列段间有序。

【例 7-8】已知待排序的序列关键字为{45,37,63,91,26,13,58,2}，采用二路归并排序的执行过程如图 7-10 所示。

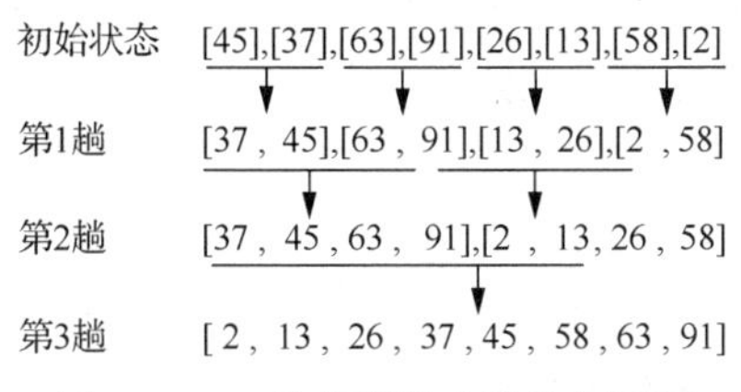

图 7-10　二路归并排序的执行过程

每趟归并的时间复杂度为 $O(n)$，共需执行 $\log_2 n$ 趟。二路归并排序的时间复杂度等于归并趟数与每一趟时间复杂度的乘积，即其时间复杂度为 $O(n\log_2 n)$。进行二路归并排序时使用了 n 个临时内存单元存放数据元素，所以二路归并排序算法的空间复杂度为 $O(n)$。二路归并排序是稳定的。

7.6 排序算法比较

7.6

综合本章介绍的各种排序算法，它们的时间复杂度和空间复杂度如表 7-1 所示。

表 7-1　各种排序算法性能一览

排序方法	时间复杂度			空间复杂度
	最好情况	最坏情况	平均情况	辅助存储
直接插入排序	$O(n)$	$O(n^2)$	$O(n^2)$	$O(1)$
希尔排序	$O(n\log_2 n)$	$O(n^2)$	$O(n\log_2 n) \sim O(n^2)$	$O(1)$
冒泡排序	$O(n)$	$O(n^2)$	$O(n^2)$	$O(1)$
快速排序	$O(n\log_2 n)$	$O(n^2)$	$O(n\log_2 n)$	$O(1)$
简单选择排序	$O(n^2)$	$O(n^2)$	$O(n^2)$	$O(1)$
堆排序	$O(n\log_2 n)$	$O(n\log_2 n)$	$O(n\log_2 n)$	$O(1)$
归并排序	$O(n\log_2 n)$	$O(n\log_2 n)$	$O(n\log_2 n)$	$O(n)$

从表 7-1 中可以看出以下结论。

（1）直接插入排序、冒泡排序和简单选择排序的算法比较简单，属于同一类，平均时间复杂度平均为 $O(n^2)$。

（2）快速排序、堆排序和归并排序的算法比较复杂，属于同一类，平均时间复杂度为 $O(\log_2 n)$。希尔排序的算法复杂度和上述排序方法类似，时间复杂度在 $O(\log_2 n) \sim O(n^2)$，但做不到精确估计。

（3）当待排序序列较少时，适合使用简单选择排序；当待排序序列较多时，适合复杂排序。

（4）直接插入排序、冒泡排序和归并排序是稳定的，希尔排序、快速排序、简单选择排序和堆排序是不稳定的。

（5）在最好的情况下，直接插入排序和冒泡排序最快；在最坏的情况下，堆排序和归并排序最快；在平均情况下，快速排序、堆排序、归并排序都是最快，综合考虑算法实现的复杂度和空间复杂度，快速排序效率最高。

本章小结

本章介绍了排序的基本概念和多种排序算法。在插入排序中介绍了直接插入排序和希尔排序；在交换排序中介绍了冒泡排序和快速排序；在选择排序中介绍了简单选择排序和堆排序；并且介绍了归并排序。最后对各种排序算法进行了比较。

本章习题

1.【单选题】排序算法中，从未排序序列中依次取出元素与已排序序列中的元素进行比较，将其放入已排序序列的正确位置上的算法是（　　）。

A. 希尔排序　　B. 冒泡排序
C. 插入排序　　D. 简单选择排序

2.【单选题】希尔排序的增量序列是（　　）。

A. 递增的　　B. 递减的　　C. 随机的　　D. 非递减的

3.【单选题】快速排序在（　　）的情况下最易发挥长处。

A. 被排序的数据中含有多个相同排序码
B. 被排序的数据已基本有序
C. 被排序的数据完全无序
D. 被排序的数据中的最大值和最小值相差悬殊

4.【单选题】堆排序是一种（　　）排序。

A. 插入　　B. 选择　　C. 交换　　D. 归并

5.【单选题】排序时扫描待排序记录序列，按先后顺序依次比较相邻的两个元素的大小，逆序时就交换位置，这是（　　）排序的基本思想。

A. 堆　　B. 直接插入　　C. 快速　　D. 冒泡

6.【判断题】简单选择排序是一种稳定的排序算法。（　　）

7.【判断题】任何基于比较的排序算法，对 n 个数据元素进行排序时，最坏的情况下的时间复杂度不会低于 $O(n\log_2 n)$。（　　）

8.【判断题】堆排序是一种稳定的排序算法。（　　）

9.【问答题】什么是稳定排序？

10.【问答题】将一副完全无序的扑克牌按出厂顺序（先按花色，再按大小升序）排列，描述你整理扑克牌的算法，总结你用了什么样的排序算法，陈述该算法的特点。

第8章 查找

在非数值运算过程中，数据存储量一般很大，为了在大量的数据集中找到某些具有特定特征的元素，就需要查找，而使用不同的查找方法，会直接影响到算法的有效性。对于不同的数据结构，查找的方法也不一样。

8.1 查找的概念

8.1

查找，又称检索，它也是数据处理中经常使用的一种重要的运算。参见【例 8-1】，查找的相关概念如下。

【例 8-1】以某学校的学生成绩表（见表 8-1）为例。

表 8-1 学生成绩表

学号	姓名	性别	成绩			总分
			语文	数学	英语	
20220101	张丽	女	91	88	92	271
20220102	李涛	男	90	96	95	281
20220103	陈红	女	96	100	98	294
…	…	…	…	…	…	…

1. 查找

根据给定的某个值，在查找表中确定关键字等于给定值的记录或数据元素。例如，在表 8-1 中查找学生张丽的语文成绩；在电话簿中查找某个人的电话号码；在计算机的文件夹中查找某个具体的文件等。

2. 查找表

查找表是由同一类型的数据元素或记录构成的集合。例如表 8-1 所示的学生成绩表、电话簿和字典都可以看作查找表。

在查找表中若只做查找操作，而不改动表中数据元素，则称此类查找表为静态查找表；若在查找表中做查找操作的同时插入数据或者删除数据，则称此类查找表为动态查找表。

3. 平均查找长度

为确定记录在查找表中的位置，需和给定值进行比较的关键字个数的期望值称为查找算法在查找成功时的平均查找长度（Average Search Length，ASL）。计算公式为：

$$ASL = \sum_{i=1}^{n} p_i c_i$$

其中，n 为问题规模，即查找表中记录的条数；p_i 为查找第 i 条记录的概率；c_i 为查找第 i 条记录的比较次数。

若查找失败，平均查找长度即查找失败时的查找次数。

8.2 线性表查找

8.2

在表的组织方式中，线性表是最简单的一种，线性表查找属于静态查找，主要适用于小型查找表。

线性表查找可以采用顺序查找、二分查找和分块查找来完成。在进行查找操作时，线性表查找与数据存储结构关系不大，即不论是采用顺序表还是采用链表，查找的基本思路都是一致的。链表在第 2 章中已讨论过，本章主要介绍顺序表中的查找方法。

8.2.1 顺序查找

顺序查找的基本思想是：从表的一端开始，顺序扫描线性表，依次将扫描到的记录与给定值 k 相比较，若当前扫描到的记录与 k 相等，则查找成功；若扫描到另一端，仍未找到与 k 相等的记录，则查找失败。

顺序查找既适用于线性表的顺序存储结构，又适用于线性表的链式存储结构。

在图 8-1 中，数据元素可从下标为 0 的单元开始存放，从左向右查找；也可从下标为 1 的单元存放，从左向右查找，这样下标为 0 的单元可作为监视哨，其作用是在查找过程中若从最后一条记录向前查找时，省去判定防止下标越界的条件，从而节省比较的时间。

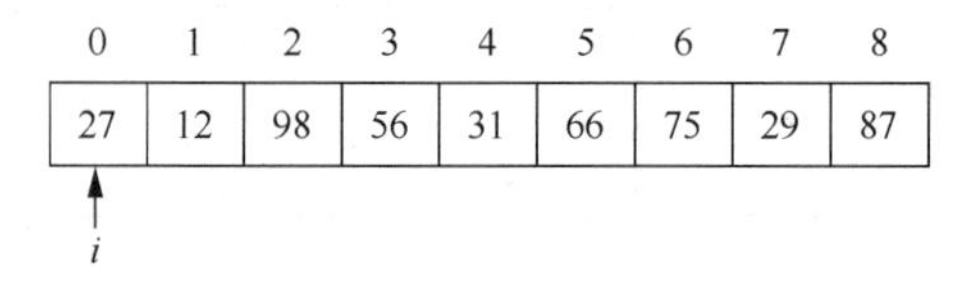

图 8-1 顺序查找

从下标 0 开始存放，从左向右查找，具体实现如下：

Java：

```java
int seqSearch(Object[] data,Object key){
     for(int i=0;i<data.length;i++){
          if(data[i].equals(key)){
               return i;
          }
          return -1;
     }
}
```

Python：

```python
def seqSearch(self,arr:[],key):
     for data in arr:
          if data==key :
               return arr.index(data)
     return -1
```

查找成功时，假设每条记录的查找概率相等，即 $p_i=\frac{1}{n}$，若从右向左开始查找第 i 条记录，需要比较的次数是 $n-i+1$，则平均查找长度：

$$ASL=\sum_{i=1}^{n}\frac{1}{n}(n-i+1)=\frac{n+1}{2}$$

若从左向右开始查找第 i 条记录，需要比较的次数是 i，则平均查找长度：

$$ASL = \sum_{i=1}^{n} \frac{1}{n} \times i = \frac{n+1}{2}$$

查找不成功时，关键字的比较次数总是 $n+1$。

因此，查找算法的时间复杂度为 $O(n)$。

顺序查找的优点是查找思路简单，容易理解，对集合中的数据元素存储结构没有要求；其缺点是当集合中数据元素个数 n 足够大时，平均查找长度较大，效率较低。

8.2.2 二分查找

二分查找也称折半查找，是一种效率较高的查找方法。在某些情况下，相比于顺序查找，使用二分查找的效率更高。

使用二分查找需同时满足两个条件：

（1）要求查找的线性表必须采用顺序存储结构；

（2）表中元素按关键字有序（升序或降序）排列。

二分查找的基本思想是：首先将给定值 key 与表中间位置的元素（mid 的指向元素，简称中间元素）比较，mid=(low+high)/2（向下取整）。若 key 与中间元素相等，则查找成功，返回该元素的存储位置，即 mid；若 key 与中间元素不相等，则所需查找的元素只能在中间元素以外的前半部分或后半部分（至于是前半部分还是后半部分要看 key 与 mid 所指向元素的大小关系）。

（1）在查找表升序排列的情况下，若给定值 key 大于中间元素则所查找的元素只可能在后半部分，此时 low=mid+1；

（2）若给定值 key 小于中间元素则所查找的元素只可能在前半部分，此时 high=mid−1。

重复上述查找过程，直到查找成功。若所查找的区域无该数据元素，则查找失败。mid 表示查找区域的中间位置，low 表示查找区域的最低值位置，high 表示查找区域的最高值位置。

Java 代码 8-1

Python 代码 8-1

具体实现如下：

Java:

```java
int binSearch(int[] data,int key){
      int high,low,mid;
      low=0;
      high=data.length-1;
      while(low<=high){
           mid=(low+high)/2;
           if(key<mid){
                high=mid-1;
           }else if(key>mid){
                low=mid+1;
           }else{
                return mid;
           }
      }
      return -1;
}
```

Python:

```python
def binsearch(self,arr,value):
      low = 0
      hi = len(arr)
      mid = int((low + hi)/2)
      while low < hi:
           if arr[mid] == value:
                return mid
           elif arr[mid] > value:
                hi = mid-1
           else:
                low = mid+1
           mid = int((low + hi)/2)
      else:
           return -1
```

【例 8-2】如图 8-2、图 8-3 所示，在有序序列{4,11,23,29,31,47,55,68,84,96}中查找关键字为 68 和 21 的元素。

（1）查找关键字为 68 的过程如图 8-2 所示。

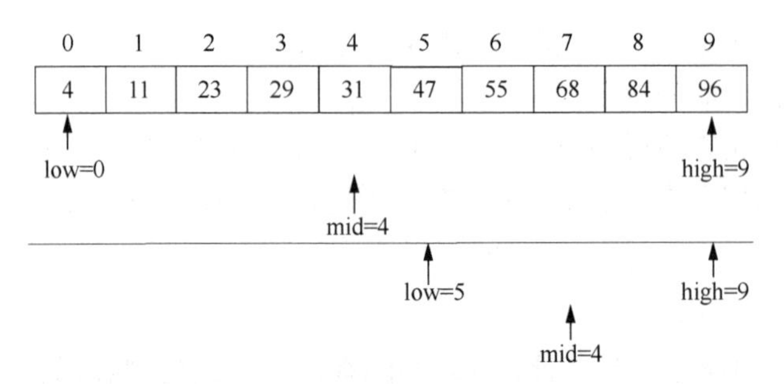

图 8-2 查找关键字为 68 的过程

初始状态，让低值指示变量 low 指向第 0 个元素 4；让高值指示变量 high 指向最后一个元素 96（第 9 个元素）。mid=(high+low)/2=4，这是 mid 值的计算。mid 指向的是第 4 个元素 31，31<68。

下一轮，low 指向上一轮 mid 的后一个元素，即第 5 个元素 47，high 还是指向上一轮的最后一个元素，即第 9 个元素 96。mid=(high+low)/2=7，即 mid 指向第 7 个元素 68。找到目标 68，查找过程结束。

（2）查找关键字为 21 的过程如图 8-3 所示。

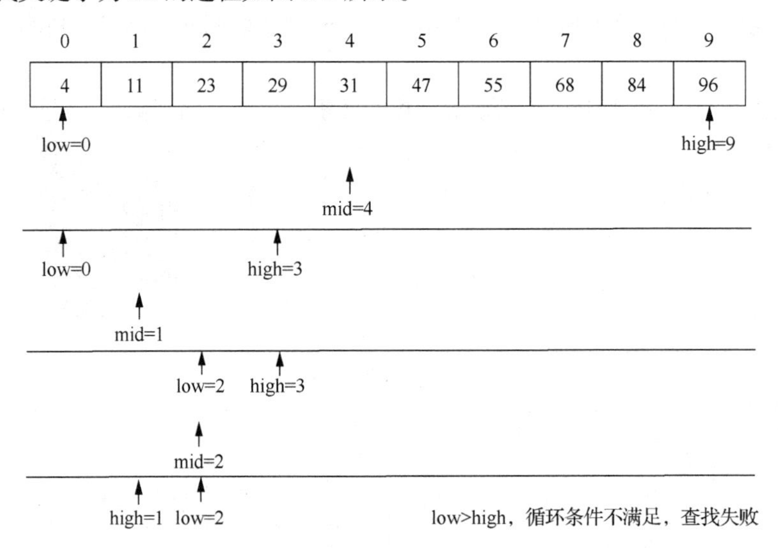

图 8-3 查找关键字为 21 的过程

第 1 轮，初始状态，让低值指示变量 low 指向第 0 个元素 4；让高值指示变量 high 指向最后一个元素 96（第 9 个元素）。mid=(high+low)/2=4，即 mid 指向第 4 个元素 31，31>21。

第 2 轮，low 指向上一轮的 low 即第 0 个元素 4；high 指向上一轮的 mid 的前一个元素，即第 3 个元素 29。mid=(high+low)/2=1，即 mid 指向第 1 个元素 11，11<21。

第 3 轮，low 指向上一轮 mid 的后一个元素，即第 2 个元素 23；high 还是指向上一轮的 high，即第 3 个元素 29。mid=(high+low)/2=2，即 mid 指向第 2 个元素 23，23>21。

第 4 轮，low 还是指向上一轮的 low 即第 2 个元素 23；high 指向上一轮的 mid 的前一个元素，即第 1 个元素 11。此时，low>high，循环条件不满足，即集合中无目标元素，返回查找失败的消息。

从二分查找的过程可以看出，每次以有序表区间的中间元素作为比较对象，并以此元素将有序表分为左右两个有序子表，进而对子表反复进行这种操作。这种查找过程也可以用二叉树来描述。

对于【例 8-2】，可以用图 8-4 表示的二叉判定树表示数据集。可以看出，在有序表中查找任意一个元素都是确定从根节点到该元素节点的路径和给定值 key 的比较次数，也就是节点在二叉树中的层次数。若二叉判定树有 n 个节点，则深度为 $\log_2 n+1$，因此查找成功时，比较次数至多为 $\log_2 n+1$。查找不成功的过程是从根节点到外部节点的路径，其和给定值 key 的比较次数最多也不超过判定树的深度。

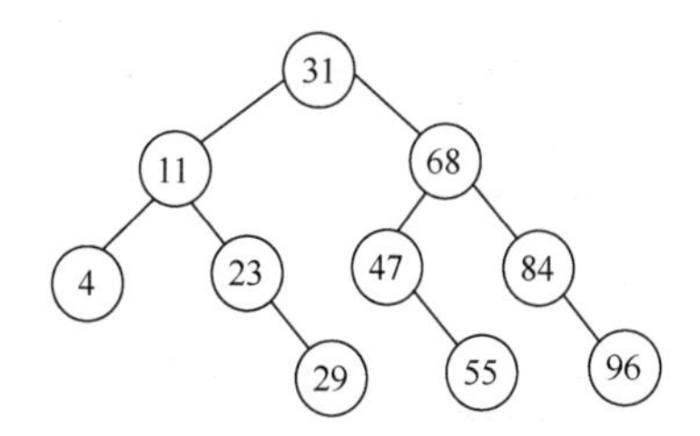

图 8-4　二分查找判定树

为了方便讨论，假设判定树是深度为 k 的满二叉树（$n=2^k-1$），而有序表中每个元素的查找概率相等，即 $p_i=\dfrac{1}{n}$，判定树第 i 层上有 2^{i-1} 个节点，那么二分查找的平均查找长度为：

$$
\begin{aligned}
ASL &= \sum_{i=1}^{n} p_i c_i = \frac{1}{n}(1\times 2^0 + 2\times 2^1 + \cdots + k\times 2^{k-1}) \\
&= \frac{n+1}{n}\log_2(n+1)-1 \approx \log_2(n+1)-1
\end{aligned}
$$

因此，二分查找的时间复杂度为 $O(\log_2 n)$。

8.2.3　分块查找

分块查找也称为索引顺序表查找，是二分查找和顺序查找的一种改进方法。分块查找要求所有这些块分块有序，即后一块中所有元素的关键字均大于前一块中所有元素的关键字（块间有序）；而每个块内的元素可以是无序的（块内无序）。由于只要求索引表是有序的，对块内节点没有排序要求，因此特别适用于节点动态变化的情况。

分块查找的基本思想是：将顺序表（主表）分成若干个子表，然后为每个子表建立一个索引表，利用索引在其中某一个子表中进行查找。两个表如下。

（1）索引表：存储顺序表的每个子表的开始索引和最大值。

（2）顺序表：主表所有数据存放的位置。

【例 8-3】 分块查找：顺序表内数据分别为 18、4、32、25、38、58、45、51、71、87、

65，将以上 11 个数据分成 3 个子表，第 1 和第 2 个子表长度为 4，最后一个子表长度为 3，建立索引表如图 8-5 所示。

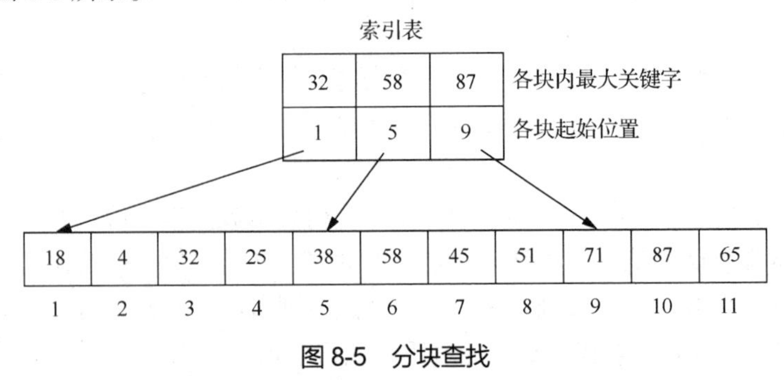

图 8-5　分块查找

分析图 8-5 可知，分块查找的平均查找长度为索引查找和块内查找的平均长度之和。设长度为 n 的查找表均匀地分为 b 块，每块有 s 条记录，则 $s=\left\lceil \frac{n}{b} \right\rceil$。在概率相等的情况下，分块查找的平均查找长度 $ASL=ASL_{索引}+ASL_{块内}$。

（1）若对索引表进行顺序查找，则：

$$ASL=\frac{b+1}{2}+\frac{s+1}{2}=\frac{b+1}{2}+\frac{\frac{n}{b}+1}{2}=\frac{b+\frac{n}{b}}{2}+1$$

且当 $s=\sqrt{n}$ 时，块数 $b=\sqrt{n}$， $ASL_{\min}=\sqrt{n}+1$。

（2）若对索引表进行二分查找，则：

$$ASL=\log_2(b+1)+\frac{s+1}{2}=\log_2(b+1)+\frac{\frac{n}{b}+1}{2}$$

可见，分块查找的平均查找长度不仅和顺序表的总长度 n 有关，也和块数 b 有关。

8.3

8.3 树表查找

若需要对数据个数较多的集合进行添加、删除、查找等操作，之前介绍的 3 种查找方式不一定具有较高的查找效率。尤其是在数据无序的情况下，顺序存储结构的查找效率在最坏的情况下时间复杂度为 $O(n)$，而二分查找和分块查找则无法针对完全无序的数据进行处理。因此，将待查找的数据集合转换成树结构能较好地实现动态查找，本节主要介绍二叉排序树这种查找树表。

二叉排序树（Binary Sort Tree，BST），也称为二叉查找树。二叉排序树或是一棵空树，或是一棵具有下列特性的非空二叉树：

（1）若左子树非空，则左子树上所有节点的关键字值均小于根节点的关键字值；

（2）若右子树非空，则右子树上所有节点的关键字值均大于根节点的关键字值；

（3）左、右子树本身也分别是一棵二叉排序树。

由定义可知，左子树节点值 < 根节点值 < 右子树节点值，对二叉排序树进行中序遍历，可以得到一个递增的有序序列。而二叉排序树又是一个递归的数据结构，可以方便地使用递归算法对二叉排序树进行各种运算。图 8-6 所示为一棵二叉排序树。

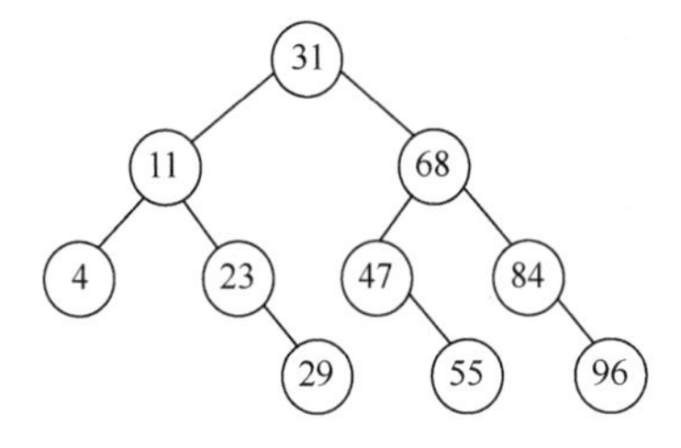

图 8-6　二叉排序树

8.3.1　二叉排序树的节点

二叉排序树中节点通常使用二叉链表的存储方式，假设待查找表中的记录为整型，其节点结构定义如下：

Java：

```java
public class BSNode {
     int key ;
     BSNode lchild ;
     BSNode rchild ;
     BSNode(int key){
         this.key = key ;
     }
}
```

Python：

```python
class Node:
     def __init__(self,key,value):
         self.key = key
         self.value = value
         self.lchild:Node = None
         self.rchild:Node = None
```

8.3.2　二叉排序树的查找

从二叉排序树的定义可知，二叉排序树的查找过程是：若二叉排序树本身是一棵空树，则查找失败；否则将待查找的 key 值与二叉排序树的根节点的值进行比较。

（1）若 key 值等于节点值，则查找成功。

（2）若 key 值小于节点值，则在当前节点的左子树继续查找。

（3）若 key 值大于节点值，则在当前节点的右子树继续查找。

直至二叉排序子树为空，查找失败。

Java 代码 8-2

Python 代码 8-2

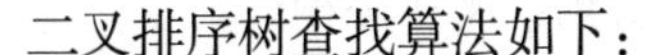

二叉排序树查找算法如下：

Java：

```java
void search(BSNode node,int key){
     count = 0 ;
     BSNode result = searchNode(node,key) ;
     if(result==null){
          System.out.println("未找到"+key);
     }else{
          System.out.println("找"+key+"用了"+count+"步"+",结果为："+result);
     }
}
BSNode searchNode(BSNode node,int key){
     count++ ;
     if(node.key==key){
         return node ;
     }else if(node.key>key){
```

```
            if(node.lchild==null){
                return null ;
            }else{
                return searchNode(node.lchild,key) ;
            }
        }else{
            if(node.rchild==null){
                return null ;
            }else{
                return searchNode(node.rchild,key) ;
            }
        }
}
```

Python:

```
def search(self, key):
    self.count = 0
    node = self.searchNode(key, self.root)
    print("%d:%s 查找次数: %d" % (node.key, node.value, self.count))
def searchNode(self,key,root:Node):
    self.count += 1
    if root == Node :
        return None
    if key == root.key :
        return root
    if key < root.key :
        return self.searchNode(key,root.lchild)
    else :
        return self.searchNode(key,root.rchild)
```

8.3.3 二叉排序树的插入

由二叉排序树的定义可知，各节点在二叉排序树中始终满足左子树节点值小于根节点值，根节点值小于右子树节点值，因此，向二叉排序树中插入节点首先需要考虑的是待插入节点的位置。这时就需要先对二叉排序树进行查找，若查找成功，说明待插入节点已经存在，不需要插入；若查找不成功，则新插入节点将作为叶子节点添加到二叉排序树。

从上述插入过程可以看出，无论新节点是作为左子树还是右子树上的节点，其插入时的方法都是相同的，所以插入过程是递归的。具体插入算法如下：

Java:

```
void insertNode(BSNode root,BSNode n){
    if(root.key>n.key){
        if(root.lchild==null){
            root.lchild = n ;
        }else{
            insertNode(root.lchild,n) ;
        }
    }
    if(root.key<n.key){
        if(root.rchild==null){
            root.rchild = n ;
        }else{
```

```
            insertNode(root.rchild,n) ;
        }
    }
}
```

```
Python:
def insertNode(self,root:Node,node:Node):
    if node.key < root.key :
        if root.lchild == None :
            root.lchild = node
        else:
            self.insertNode(root.lchild,node)
    else :
        if root.rchild == None :
            root.rchild = node
        else:
            self.insertNode(root.rchild,node)
```

8.3.4 二叉排序树的构造

二叉排序树的完整构造过程实际是从一棵空的二叉排序树开始的，依次插入一个新节点，直至需构造的所有数值节点均插入成功，即二叉排序树构造完成。

二叉排序树的构造算法可以由构造函数实现，通过不断调用二叉排序树的插入函数来完成构造。具体构造算法如下：

```
Java:
BSNode buildTree (int[] arr){
    BSNode root = new BSNode(arr[0]) ;
    for(int i=1;i<arr.length;i++){
        insertNode(root,new BSNode(arr[i])) ;
    }
    return root ;
}
```

```
Python:
def buildTree(self):
    root = Node(self.key[0],self.value[0])
    i = 1
    while i < len(self.key) :
        node = Node(self.key[i],self.value[i])
        self.insertNode(root,node)
        i += 1
    return root
```

下面将以整数集合为例，逐步展示二叉排序树的构造过程。

【例 8-4】从空树出发，构建集合为{31,11,68,47,4,55,23,84,29,96}的二叉排序树，构造过程如图 8-7 所示。

构造过程如下。

① 构建空树。

② 将 31 加入树，当前是空树，所以将 31 设为树的根节点。

③ 将 11 加入树，和当前根节点比较，11<31，将 11 和 31 的左子树的根节点比较，31

没有左子树，所以将 11 设为 31 的左子树的根节点。

④ 将 68 加入树，和当前根节点比较，68>31，将 68 和 31 的右子树的根节点比较，31 没有右子树，所以将 68 设为 31 的右子树的根节点。

⑤ 将 47 加入树，和当前根节点比较，47>31，将 47 和 31 的右子树的根节点 68 比较，47<68，将 47 和 68 的左子树的根节点比较，68 没有左子树，所以将 47 设为 68 的左子树的根节点。

⑥ 将 4 加入树，和当前根节点比较，4<31，将 4 和 31 的左子树的根节点 11 比较，4<11，将 4 和 11 的左子树的根节点比较，11 没有左子树，所以将 4 设为 11 的左子树的根节点。

⑦ 将 55 加入树，和当前根节点比较，55>31，将 55 和 31 的右子树的根节点 68 比较，55<68，将 55 和 68 的左子树的根节点 47 比较，55>47，将 55 和 47 的右子树的根节点比较，47 没有右子树，所以将 55 设为 47 的右子树的根节点。

⑧ 将 23 加入树，和当前根节点比较，23<31，将 23 和 31 的左子树的根节点 11 比较，23>11，将 23 和 11 的右子树的根节点比较，11 没有右子树，所以将 23 设为 11 的右子树的根节点。

⑨ 将 84 加入树，和当前根节点比较，84>31，将 84 和 31 的右子树的根节点 68 比较，84>68，将 84 和 68 的右子树的根节点比较，68 没有右子树，所以将 84 设为 68 的右子树的根节点。

⑩ 将 29 加入树，和当前根节点比较，29<31，将 29 和 31 的左子树的根节点 11 比较，29>11，将 29 和 11 的右子树的根节点 23 比较，29>23，将 29 和 23 的右子树的根节点比较，23 没有右子树，所以将 29 设为 23 的右子树的根节点。

⑪ 将 96 加入树，和当前根节点比较，96>31，将 96 和 31 的右子树的根节点 68 比较，96>68，将 96 和 68 的右子树的根节点 84 比较，96>84，将 96 和 84 的右子树的根节点比较，84 没有右子树，所以将 96 设为 84 的右子树的根节点。

至此，二叉排序树构造完成。

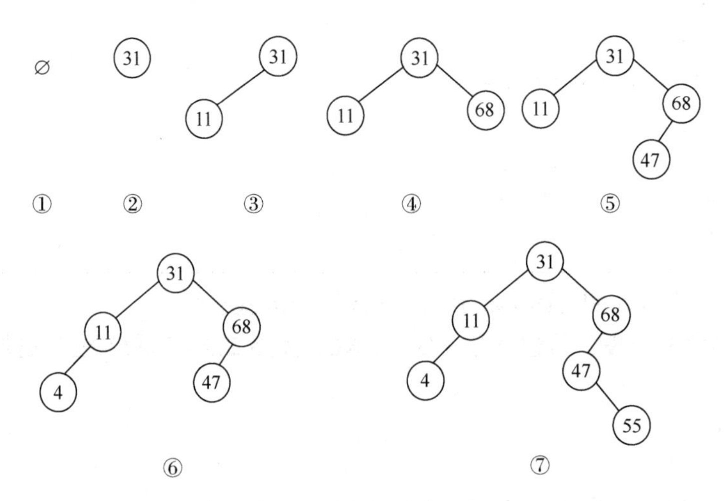

图 8-7　二叉排序树构造过程

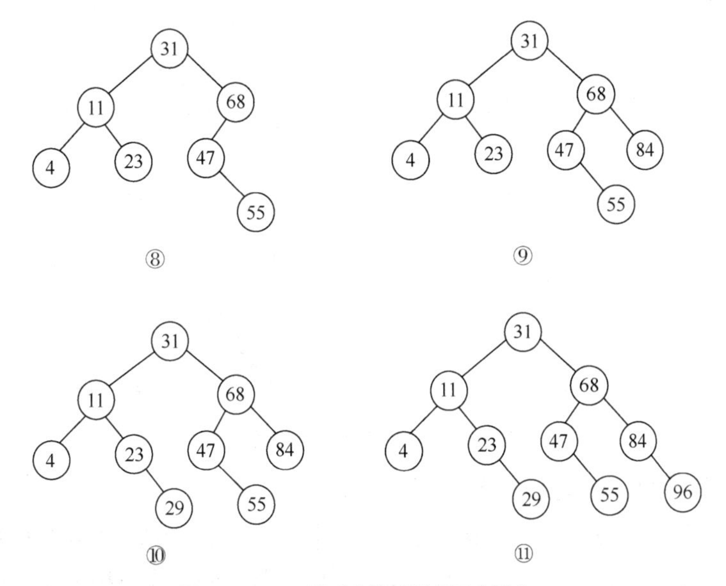

图 8-7 二叉排序树构造过程（续）

8.3.5 二叉排序树的删除

在二叉排序树中删除一个节点之后，还需使其保持二叉排序树的特性，故删除操作相对插入操作要复杂得多。因为插入操作仅将待插入节点作为叶子节点添加到二叉排序树上，不会破坏二叉排序树节点之间原有的特性；但删除节点时，被删除的节点若是叶子节点，处理相对简单，只需改变其双亲节点的连接关系即可；若被删除的节点是分支节点，直接删除该节点就会破坏二叉排序树中原有节点之间的特性，因此需要对这种情况进行分类讨论。

假设待删除节点为 t，其双亲节点为 p，在待删除情况下分以下 3 种情况讨论。

1. t 为叶子节点

若待删除节点 t 为叶子节点，不论 t 是其双亲节点 p 的左孩子节点还是右孩子节点，只需将其双亲节点 p 的相应指针域修改成空指针即可，如图 8-8 所示。

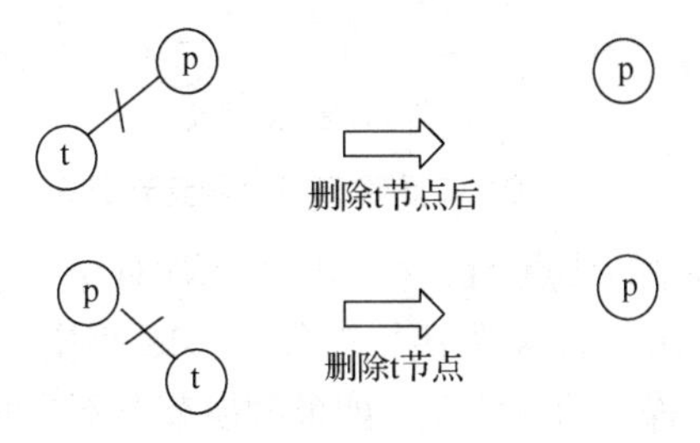

图 8-8 待删除节点为叶子节点

2. t 为分支节点，只有左子树或右子树

若待删除节点 t 为分支节点，只有左子树或者只有右子树，此时，只需要用其左孩子节点 s 或者右孩子节点 m 替换节点 t 即可，如图 8-9 所示。

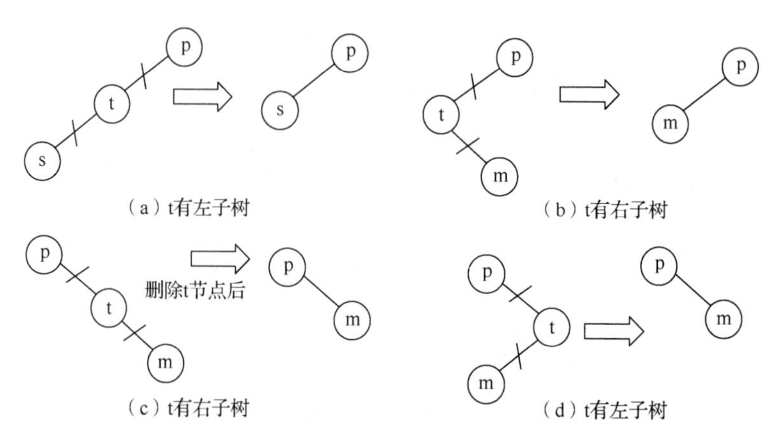

图 8-9 待删除节点为分支节点 1

3. t 为分支节点，既有左子树又有右子树

若待删除节点 t 为分支节点，既有左子树又有右子树，此时不能简单地让 t 节点的左孩子节点或者右孩子节点替换 t，考虑到二叉排序树中节点的中序遍历是递增的，这里我们用中序遍历序列中节点 t 所在位置的前驱节点或者后继节点替换 t。

【例 8-5】如图 8-10 所示，某二叉排序树在删除值为 11 的节点后的处理方式如下。

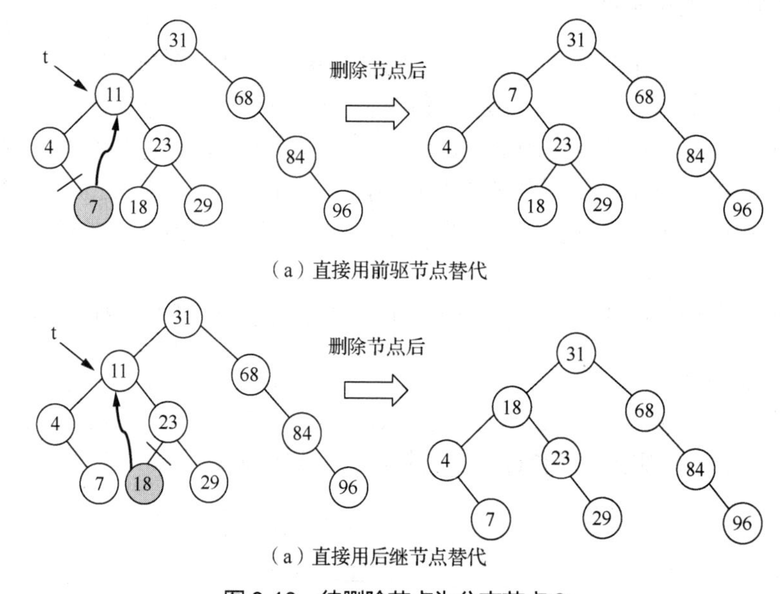

图 8-10 待删除节点为分支节点 2

参照图 8-10，对于待删除的节点 11，在中序遍历序列中，它的前驱节点为节点 7，后继节点为节点 18。在处理时，可以直接用节点 7 或节点 18 替换节点 11。在本例中，节点 7 和节点 18 均为叶子节点，删除操作可以结束。如果替换节点不是叶子节点，可以继续用它的前驱节点或后继节点去替换当前的替换节点，直到遇到叶子节点。

8.4 散列表查找

本章前文讨论的各种查找方法，由于数据的存储位置与数值之间不存在确定的对应关系，因此这些查找方法只能通过不断将给定值与待查找表中的数据进行比较来实现。

若能根据待查找集合中的数值得到其对应的存储位置，就能很快通过数值找到其对应的数据元素位置，这种理想情况下的查找不需要经过比较，连续存储这些数据元素的存储空间称为散列表。

8.4

8.4.1　散列查找

散列表又称哈希表（Hash Table），是一种存储结构，通常用来存储多个元素。和其他存储结构（线性表、树等）相比，散列表查找目标元素的效率非常高。每个存储到散列表中的元素，都配有一个唯一的标识（又称“索引”或者“键”），用户想查找哪个元素，凭借该元素对应的标识就可以直接找到它，无须遍历整个散列表。将数据元素一一对应到散列表中具体的存储位置的函数称为散列函数（也称哈希函数）。以下是一个散列查找的示例。

【例 8-6】7 个数据元素的数值分别为 19、3、25、37、56、22、48，设选取数据元素的数值与存储位置之间的对应函数 $f(x)=x \bmod 7$。讨论其存储与查找方式。

首先，通过以上函数 $f(x)$将 7 个数据元素对应的函数结果值求出，得到存储位置，如图 8-11 所示。

$f(19)=19 \bmod 7=5$

$f(3)= 3 \bmod 7=3$

$f(25)=25 \bmod 7=4$

$f(37)=37 \bmod 7=2$

$f(56)=56 \bmod 7=0$

$f(22)=22 \bmod 7=1$

$f(48)=48 \bmod 7=6$

0	1	2	3	4	5	6
56	22	37	3	25	19	48

图 8-11　散列表

其次，当需要查找某个数据元素时，只需通过上述函数 $f(x)$计算出地址，再将该地址中的数值和需要查找的值进行比较，若两者相等，则查找成功。

在【例 8-6】中，如果将数据元素值 48 换成 49，则 $f(49)=49 \bmod 7=0$ 将会与数据元素值 56 的函数结果相同，此时，两个不同元素值经过函数变换后得到了相同的存储元素地址，这种现象我们称为冲突，而产生冲突的两个数据元素称为同义词。

当待查找表中数据元素个数较多时，冲突不可避免，这时就需要考虑如何解决冲突，通常着手以下两方面解决：

（1）构造好的散列函数，简单、高效，散列地址整体均匀分布；

（2）制订解决冲突的方案，例如开放定址法、拉链法等。

8.4.2　散列函数

散列函数能使对一个数据序列的查找过程更加迅速、有效。通过散列函数，数据元素将被更快地定位。常用的构造散列函数的方法如下。

1. 直接定址法

取关键字或关键字的某个线性函数值为散列地址，即 $H(key)=key$ 或 $H(key)=a\times key+b$，其中 a 和 b 为常数（这种散列函数叫作自身函数）。以下是直接定址法的示例。

【例 8-7】有如下序列的关键字集合{1000，2000，5000，7000，8000，10000}，选取散列函数为 $H(key)=key/1000$，对应的散列表如图 8-12 所示。

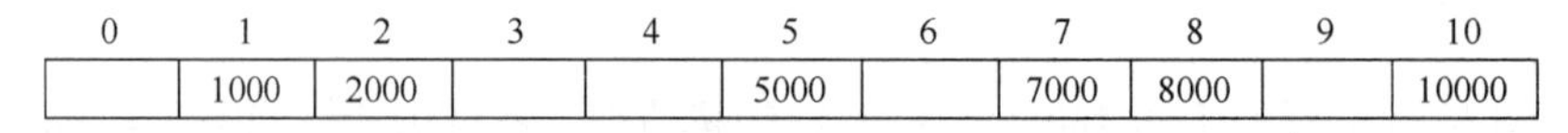

0	1	2	3	4	5	6	7	8	9	10
	1000	2000			5000		7000	8000		10000

图 8-12　直接定址法

数据直接存入散列函数对应值的内存地址。这种散列函数较为简单，很少会产生冲突，但在实际中很少应用，因为需要提前了解关键字的分布。

2. 数字分析法

若关键字集合为某学校学生的出生年月日，我们发现学生的出生年份大体相同，这样产生冲突的概率可能增大。但是月份日期组合起来的数字差别较大，若只用月份日期的数字来构成散列地址，则冲突的概率会明显降低。

数字分析法就是找出数字的规律,尽可能利用这些规律来构造冲突概率较低的散列地址。

3. 平方取中法

取关键字平方后的中间几位作为散列地址。

例如将一组关键字(0100,0110,1010,1001,0111)平方后得(0010000,0012100,1020100,1002001,0012321)。

若取表长为 1000，则可取中间的 3 位数作为散列地址集(100,121,201,020,123)。

4. 折叠法

将关键字分成位数相同的几部分（最后一部分位数可以不同），然后取这几部分的叠加和（去除进位）作为散列地址。折叠法可以分为移位叠加和间界叠加。移位叠加是将分割后的每一个部分的最低位对齐，然后相加。间界叠加是从关键字一端向另一端沿分割界来回折叠，然后对齐相加。关键字 5864422004 的两种叠加方法，如图 8-13 所示。

```
  5864          5864
  4220          4220
+   04        +   04
 10088          6092
（a）移位叠加   （b）间界叠加
```

图 8-13　折叠法

5. 随机数法

选择一随机函数，取关键字作为随机函数的种子，生成随机值作为散列地址，通常用于关键字长度不同的场合。

6. 除留余数法

取关键字除以自然数 n 的余数作为散列地址，当然也可以在折叠、平方取中等运算之后取模，这里 n 的选取非常重要，通常情况下 n 为小于或者等于表长的最小素数。若 n 选得不好，容易产生冲突。$H(key)= key \bmod n$。除留余数法是构造散列函数的一种简单、常见的方法，且不需要提前了解关键字的分布。

8.4.3　冲突处理

散列是一种高效的数据存储与查找方法，但由于通过散列函数产生的散列值是有限的，而数据可能比较多，导致经过散列函数处理后仍然有不同的数据对应相同的值，理论上它们都要放在相同的物理地址中，这时候就产生了冲突，这种冲突又称为散列冲突。解决散列冲突的方法，其核心思想是在发生散列冲突时，冲突元素将其映射至另一个内存位置。以下是一些常见的冲突处理方法。

1. 开放定址法

当关键字经过散列函数求解得到的散列地址中已经存放了数据元素时，就产生了冲突，只要散列表空间足够大，可按以下方式寻找其散列地址：

$$H_i=(H(key) + d_i) \bmod m \qquad i=1,2,\cdots, k(k\leqslant m-1)$$

其中 H(key)为散列函数，m 为散列表的表长，d_i 为增量序列，具体取值可分为下述 3 种情况：

（1）当 $d_i=1,2,3,\cdots,m-1$ 时，称为线性探测法；

（2）当 $d_i=1^2,-1^2,2^2,-2^2,3^2,\cdots,\pm k^2$,（$k\leqslant m/2$）时，称为二次探测法；

（3）d_i=伪随机数序列，称为伪随机探测法。

【例 8-8】已知一组关键字为(26,36,41,38,6,68,15,20,30,48)，散列表的表长为 13，用除留余数法构造散列函数，用线性探查法解决冲突，构造这组关键字的散列表。

由题意可知，关键字个数为 10，散列表的表长为 13，此时 $\alpha=10/13\approx0.77$（α 为装填因子，一般取值为 0.5～0.9，目的是确定合适的表长），散列表为 T[0,⋯,12]，散列函数设置为：$H(key)=key \bmod 13$。

$H(26)= 26 \bmod 13 = 0$

$H(36)= 36 \bmod 13 = 10$

$H(41)= 41 \bmod 13 = 2$

$H(38)= 38 \bmod 13 = 12$

$H(6)= 6 \bmod 13 = 6$

$H(68)= 68 \bmod 13 = 3$

$H(15)= 15 \bmod 13 = 2$

经过计算，我们发现 26、36、41、38、6、68 由散列函数得到的散列地址不冲突，可以直接存入，但是 15 经过散列函数得到的散列地址 T[2]已经存放了 41 这个关键字，因此产生了冲突，这时需要寻找下一个空的散列地址。

$H(15)=(15+1) \bmod 13=3$

此时散列地址 T[3]已存放了 68 这个关键字，依然冲突，继续寻找下一个散列地址。

$H(15)=(15+2) \bmod 13=4$

此时散列地址 T[4]为空，将 15 存入。

$H(20)$=20 mod 13=7

此时散列地址 T[7]为空，将 20 存入。

$H(30)$=30 mod 13=4

此时散列地址 T[4]已存放了 15 这个关键字，继续寻找下一个散列地址。

$H(30)$=(30+1) mod 13=5

此时散列地址 T[5]为空，将 30 存入。

$H(48)$=48 mod 13=9

此时散列地址 T[9]为空，将 48 存入。

从图 8-14 中可知，线性探测法的平均查找长度 ASL=(1×8+2+3)/10=1.3。

散列地址	0	1	2	3	4	5	6	7	8	9	10	11	12
散列表	26		41	68	15	30	6	20		48	36		38
比较次数	1		1	1	3	2	1	1		1	1		1

图 8-14　线性探测法

用线性探测法解决冲突的方法虽然比较简单，但是引发了新的问题。例如关键字 15 和 30 都争夺同一个散列地址 T[4]，但是 15 和 30 不是同义词；15 是因为和同义词 41 争夺同一个散列地址 T[2]的过程中产生冲突，而向后查找并存储到散列地址 T[4]中的。这种在处理冲突的过程中，非同义词之间对同一个散列地址争夺的现象称为堆积，这种现象大大降低了查找效率。

使用二次探测法在处理冲突的过程中可以有效地减少堆积的发生。

【例 8-9】已知一组关键字为(26,36,41,38,6,68,15,20,30,48)，散列表的表长为 13，用除留余数法构造散列函数，用二次探测法解决冲突，构造这组关键字的散列表。

前 6 个关键字的解题思路同【例 8-6】，26、36、41、38、6、68 由散列函数得到的散列地址不冲突，可以直接存入。

$H(15)$=15 mod 13=2

关键字 15 经过散列函数得到的散列地址 T[2]已经存放了 41 这个关键字，因此产生了冲突，这时需要寻找下一个空的散列地址。

$H(15)=(15+1^2)$ mod 13=3

此时散列地址 T[3]已存放了 68 这个关键字，依然冲突，继续寻找下一个散列地址。

$H(15)=(15-1^2)$ mod 13=1

此时散列地址 T[1]为空，将 15 存入。

$H(20)$=20 mod 13=7

此时散列地址 T[7]为空，将 20 存入。

$H(30)$=30 mod 13=4

此时散列地址 T[4]为空，将 30 存入。

$H(48)$=48 mod 13=9

此时散列地址 T[9]为空，将 48 存入。

从图 8-15 中可知，线性探测法的平均查找长度 ASL=(1×9+2)/10=1.1。

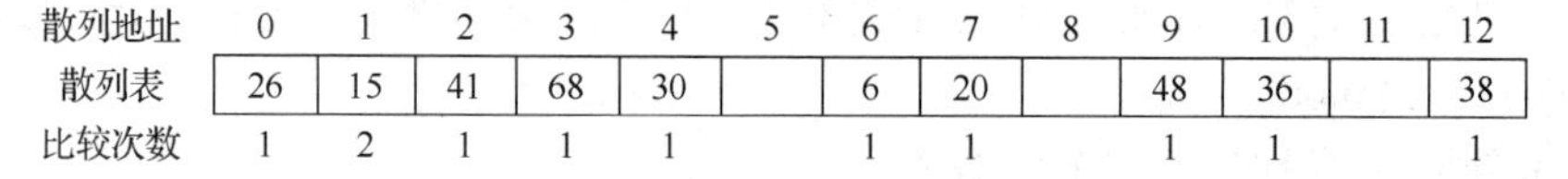

散列地址	0	1	2	3	4	5	6	7	8	9	10	11	12
散列表	26	15	41	68	30		6	20		48	36		38
比较次数	1	2	1	1	1		1	1		1	1		1

图 8-15　二次探测法

2. 链地址法

链地址法又称拉链法，其基本思想是：将互为同义词的节点存储在一个线性表中，而将此链表的头指针放在散列表[0,⋯,m −1]中。

【例 8-10】已知一组关键字为(26,36,41,38,6,68,15,20,30,48)，散列表的表长为 13，用除留余数法构造散列函数，用链地址法处理冲突。构造这组关键字的散列表结构如图 8-16 所示。

由图 8-16 可知，散列表中 41 和 15 的余数都是 2，都放入了余数为 2 的链表。

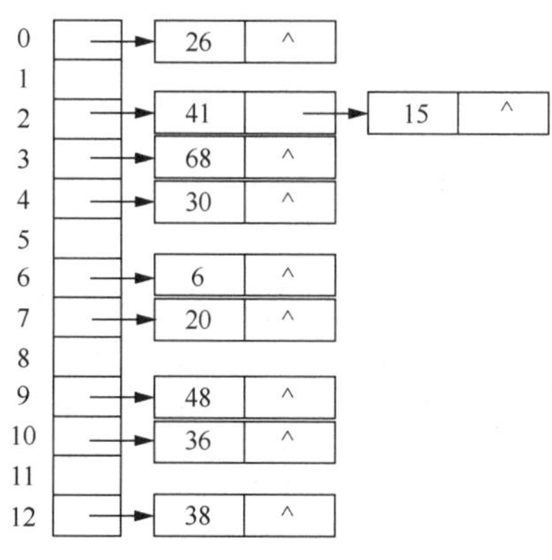

图 8-16 链地址法

用链地址法处理冲突，只需在同义词子表中进行顺序查找即可，若查找成功，返回引用；若查找失败，返回空值。

8.4.4 查找性能分析

散列表的查找过程基本和构造过程相同。一些关键字可通过散列函数转换的地址直接找到，另一些关键字在散列函数得到的地址上产生了冲突，需要按处理冲突的方法进行查找。在介绍的 3 种处理冲突的方法中，产生冲突后的查找仍然是给定值与关键字进行比较的过程。所以，对散列表查找效率依然用平均查找长度来衡量。

查找过程中，关键字的比较次数取决于产生冲突的多少。产生的冲突少，查找效率就高；产生的冲突多，查找效率就低。因此，影响产生冲突多少的因素，也就是影响查找效率的因素。影响产生冲突有以下 3 个因素：

① 散列函数是否均匀；

② 处理冲突的方法；

③ 散列表的装填因子。

散列表的装填因子定义为：$\alpha=\dfrac{\text{填入表的元素个数}}{\text{散列表的长度}}$。

α 是散列表装满程度的标志因子。由于表长是定值，α 与“填入表中的元素个数”成正比，所以，α 越大，填入表中的元素越多，产生冲突的可能性就越大；α 越小，填入表中的元素越少，产生冲突的可能性就越小。

实际上，散列表的平均查找长度是装填因子 α 的函数，只是不同处理冲突的方法有不同的函数。

本章小结

本章主要介绍了线性表查找、树表查找和散列表查找这 3 种类型的查找方式。线性表查找是基础的查找方式，包括顺序查找、二分查找和分块查找。树表查找是利用树形结构所进行的查找方式，主要介绍了二叉排序树查找的构造与查找操作。散列表查找是基于关键字与地址对应关系的查找方式，主要介绍了散列查找、散列函数和冲突处理。

本章习题

1.【单选题】衡量查找算法效率的主要指标是（　　）。

A. 元素的个数　　B. 所需的存储量　　C. 平均查找长度　　D. 算法难易程度

2.【单选题】适用于二分查找的表的存储结构及元素排列要求为（　　）。

A. 链式存储结构、元素无序　　B. 链式存储结构、元素有序

C. 顺序存储结构、元素无序　　D. 顺序存储结构、元素有序

3.【单选题】分别以下列序列构造二叉排序树，与用其他 3 个序列所构造的结果不同的是（　　）。

A. (100,80, 90, 60, 120,110,130)　　B. (100,120,110,130,80, 60, 90)

C. (100,60, 80, 90, 120,110,130)　　D. (100,80, 60, 90, 120,130,110)

4.【单选题】在各种查找方法中，平均查找长度与节点个数无关的查找方法是（　　）。

A. 顺序查找　　B. 二分查找　　C. 哈希查找　　D. 分块查找

5.【单选题】在散列查找中，平均查找长度主要与（　　）有关。

A. 散列表长度　　B. 散列元素个数

C. 装填因子　　D. 处理冲突方法

6.【问答题】什么是平均查找长度？

7.【问答题】根据分析，二叉排序树的平均查找长度是多少？

8.【问答题】假设有一本字典，目录缺失，你知道一个字的读音，但需要查这个字怎么写。在没有其他工具的情况下，你能怎样快速地在字典中查到这个字？描述查找过程，总结这个过程中你用的查找方法，并分析该方法的特点。